학교의
고백

EBS
교육대기획

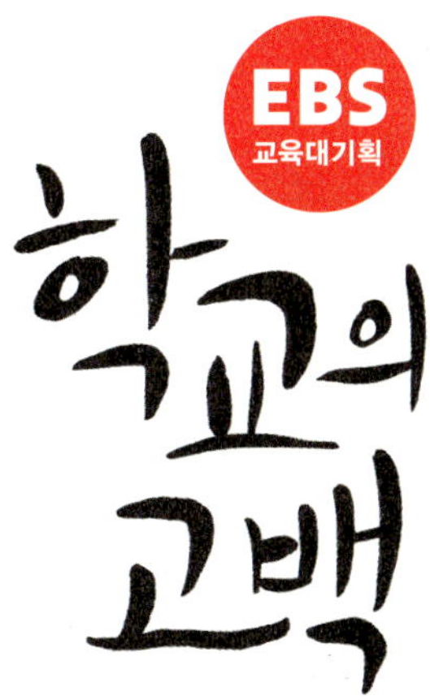

학교의 고백

EBS 〈학교의 고백〉 제작팀 지음 | EBS MEDIA 기획

북하우스

뜨거운 울림으로 퍼지는 학교의 고백

어느덧 5년에 가까운 시간이다. '학교'라는 이름으로 모여 2010년 '학교란 무엇인가'란 타이틀로 10편의 교육 다큐멘터리를 만들었다. 그리고 늦은 2012년 〈학교의 고백〉으로 못다 한 학교의 이야기를 풀어놓았다. 제작진은 2009년부터 수년간에 걸쳐서 〈학교란 무엇인가〉와 〈학교의 고백〉, 대규모의 교육 다큐멘터리를 완성하기 위해 학교를 둘러싼 수많은 사람들을 만났다. 학생, 학부모, 선생님들을 비롯해 교육과 관련된 모든 분야의 전문가들을 만났고 학교의 작은 숨소리 하나 놓치지 않기 위해 묻고 또 물었다. 시작은 미미했지만 우리의 사소한 물음 하나가 희망의 실마리가 되기를 바라는 마음이었다. 학교를 떠나온 지 꽤 많은 시간이 흘렀고 현 시점의 학교에 대한 이해는 더더욱 부족했다. 갈증을 느낄수록 실체가 닿지 않았던, 학교가 말하고 싶은 진실에 다가서고 싶었다.

〈학교의 고백〉은 진정한 교육이 있는 학교를 만들기 위한 다양한 교육의 현장을 들여다보고 실험해봄으로써 우리가 가야 할 교육의 미래를 보기로 했다. 학교 안에는 어떤 일이 일어나고 있는가? 그 안에서 학교와 아이들, 선생님은 무엇을 생각하고 있을까? 우리는 조심스럽게 학교 안에 가장 깊숙하게 들어가 교사와 학생이 토해내는 내밀한 이야기에 귀를 기울여보기로 했다. 그동안 누구에게도 말하지 못한 교육 현장의 뿌리 깊은 고민과 갈등의 목소리는 높았지만 무엇을, 어떻게 접근해야 하는지에 대해서는 혼란이 있었다. 우리가 할 수 있는 것은 하나, 교육의 문제를 공감의 목소리로 끌어오기 위해 제작진은 학교를 둘러싸고 있는 논란에 대해 정확한 문제의 진단과 분석을 시도하고자 했다. 그 과정에서 교육 현장에 자리한 불편한 진실로 카메라는 외면당하기도 했고, 아이들과 부모들의 분노의 목소리를 듣기도 했다.

그 과정에서 때로는 막막했고 때로는 희망을 보았다. 그리고 우리가 발견한 것은 학교는 정말 외롭게 우리를 기다리고 있다는 것이다. 우리는 몰랐다. 학교가 얼마나 말하고 싶어하는지를, 함께 가자고 얼마나 절박한 심정으로 우리의 손을 잡아끌고 있는지를 말이다. 〈학교의 고백〉은 변화의 갈림길에서 살아남기 위해 오늘도 분주하게 움직이고 있는 학교의 생생한 이야기가 담겨 있다. 대안학교에서 찾은 공교육의 가치와 희망의 발걸음, 학생과 교사라는 평행선의 끝에서 기다림의 교육이 가져온 결실, 요즘 아이들에게 들어본 성적, 외모, 성, 자살과 왕따, 부모님에 대한 속마음, 불평등한 현실 앞에서도 자신의 꿈을 향해 묵묵하게 걸어가는 실업학교 아이들의 이야기 등은 그 진실을 마주할수록 힘이 되었고 이제라도 진실의 목소리를 듣게 된 것에 감사함을 느꼈다.

〈학교의 고백〉 방송 이후 학부모, 교사, 학생의 뜨거운 고백이 연이어 이어졌다. 저마다의 사연은 절실했고 학교를 향하는 마음을 읽을 수 있었다. 선생님은 미안하다고 했고 학생들은 답답함을 호소했다. 우리가 현장에서 느끼고 보았던 것도 크게 다르지 않았다. 선생님은 아이들을 그저 기다린다고 했다. 그리고 그 마음은 결국 아이들에게 오롯이 전해졌다. 부모가 아니기에 아이를 끝까지 보살필 수 없어 마음이 아프다며 눈물을 훔치는 선생님, 선생님이 그저 지켜봐주는 것만으로 힘이 된다는 학생, 보살피는 것이 교육이 아니냐며 반문하던 교장 선생님까지 이야기를 찾아 나선 길에서 생각보다 많은 답이 있었다. 교육의 기회는 우리 아이들 누구에게라도 공평하게 주어져야 하고 학교는 결국 아이들을 품어줘야 한다는 진리를 얻었다. 교육은 죽어 있는 것이 아니라 있는 힘껏 숨을 내쉬며 다양한 가능성으로 우리에게 손짓하고 있었다.

학교와 선생님, 아이들까지 저마다의 목소리들이 존중받으면 그후에는 소통이 이루어진다. 어느새 하나로 모아져 뜨거운 울림이 된 학교의 고백은 세상을 더욱 살아갈 만한 곳으로 만들어주었다. 이것은 행복한 학교로 향하는 우리 모두의 고백이다.

이 자리를 통해 학교를 위해 고백하고, 용기를 내어준 모든 이들에게 감사를 전한다. 제작진이 놀랄 정도로 선생님들과 아이들, 그들의 목소리는 진실했으며 절실했다. 내보이기 쉽지 않은 민낯을 드러내고 가슴 저 밑에서 고동치는 이야기들을 털어놓음으로써 우리는 학교에 한 걸음 더 가까이 갈 수 있었다.

학교의 고백이 향하는 결말은 학교에서는 아직 무수한 희망이 남아 있다는 것이다. 살아 숨 쉬는 생명력 있는 학교를 만들고 아이들이 행복해지기 위해서는 교실 안에서부터 변화가 이루어져야 한다. 방송에서 보여준 가능성은 공교육이 어느 방향으로 나갈 것인지에 대한 대안을 보여준다. 학교는 여전히 변화 중이다. 그리고 우리의 가슴을 뛰게 한 학교의 고백은 계속 이어질 것이다.

— EBS 〈학교의 고백〉 제작진 일동

10가지 우리들의 뜨거운 고백

1,2부 학교의 고백

"변화를 위한 학교의 진솔한 고백!"

무너진 학교를 살리고 진정한 교육이 있는 학교를 만들기 위해 찾아간 변화의 현장. 아이들의 행복한 성장을 위해 공교육의 변화를 시도하는 태봉고등학교와 여주중학교의 이야기.

3부 역전클럽 180

"역전 180일! 자존감 회복 프로젝트!"

공부 못해 서러운 아이들. 무관심과 외면으로 힘들어하던 아이들이 성적 향상을 목표로 밑바닥이었던 학력을 신장시키고 무너진 자존감을 회복하기 위해 힘찬 행보를 시작한다!

4부 교장 선생님, 뭐하세요?

"국내 최초 학교장 변신 프로젝트"

근본적인 학교 변화를 위해 교장 선생님들이 나섰다. 기존의 권위를 내려놓고 변하기 위해 스스로 정한 실천 과제를 수행하기 위해 노력하는 교장 선생님들의 눈물 겨운 분투기!

5부 정치 교실

"작은 사회, 학교에서 배우는 정치 이야기"

어른들의 왜곡된 정치가 아닌 올바른 정치 수업을 받았을 때 아이들은 정치를 어떻게 받아들일까? 교실에서 벌어지는 역동적인 정치 활동을 통해 모두가 함께하는 사회를 말한다!

6부 잘난 아이들

"잘난 아이들의 학교 생활기"

낮에는 일하고 밤에는 공부하는 아이들이 불우한 환경 속에서도 당당하게 홀로 서는 법! 우리 시대 학교의 진정한 역할에 대한 고민이 녹아 있다.

7부 용택 준혁, 학교에 가다

"우리가 가고 싶은 학교의 모습"

선생님을 엄마, 아빠로 부르는 알로이시오초등학교, 학교 폭력의 아픔을 딛고 일어서는 인천해밀학교 등 우리나라 방방곡곡, 학생과 교사 모두가 행복한 현장을 찾아간다.

8부 코끼리 만지기 프로젝트

"손으로 세상을 보는 아이들의 미술 수업 이야기"

시각장애 아이들이 코끼리를 직접 만지고 만들어보는 '코끼리 만지기 프로젝트'를 진행한다. 가슴으로 느끼는 편견에 대한 오해와 보이지 않은 깨달음!

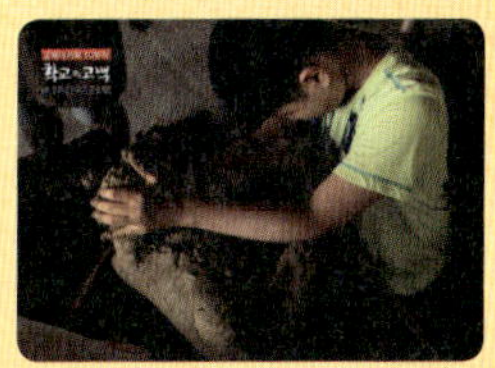

9부 놀면서 배우는 아이

"내 아이, 노는 만큼 성공한다"

아이들에게 놀이란 어떤 의미일까? 즐거운 놀이 시간을 빼앗긴 아이들에게 놀이 시간을 돌려주자, 놀라운 기적이 일어난다. 놀이를 통해 아이들의 숨겨진 잠재력이 펼쳐진다.

10부 힐링 다큐– 말해줘서 고마워

"아이들이 쏟아내는 진짜 이야기"

아이들은 학교에서 어떤 꿈을 꾸는가! 성적, 외모, 이성, 자살과 왕따 등 아이들이 이제껏 이야기하지 못했던 이야기를 들려준다! 진솔한 감동이 있는 아이들의 진짜 고백!

'아이들과 선생님'이 함께한 희망의 고백에 감사드립니다

세화여자고등학교, 부천실업고등학교, 독산고등학교, 민족사관고등학교, 전주 우석고등학교,
대구 덕원고등학교, 창원 태봉고등학교, 여주중학교, 광신고등학교, 꿈타래학교, 서울산업정보학교,
해밀학교, 알로이시오초등학교의 학생들

태봉고등학교 조정희 선생님, 박경화 선생님, 백명기 선생님, 여태전 교장 선생님
여주중학교 홍석대 선생님, 하태종 선생님, 황진동 선생님, 이창섭 선생님
부천실업고등학교 김진호 선생님, 박수주 선생님　　**종암중학교** 조광희 선생님
광신고등학교 김흥규 선생님　　**꿈타래학교** 구만호 선생님　　**서울산업정보학교** 김갑제 선생님
해밀학교 강현숙 선생님　　**알로이시오초등학교** 이재훈 선생님
부명초등학교 신현철 교장 선생님　　**사우초등학교** 이흥신 교장 선생님
보평초등학교 서길원 교장 선생님

우리는 이제, 학교의 시간을 멈춰보려고 합니다.
누구도 물어보지 않았고, 한 번도 꺼내보지 않았던 이야기···.
아이들, 선생님 그리고 학교의 진짜 목소리를 들어보려고 합니다.

아파하고 있고, 고민하고 있고, 꿈꾸고 있는

학교의 이야기가 시작됩니다.

contents

PART 1

치열한 고민의 현장,
학교의 고백

PART 2

아이들의 진짜 속마음, 말해줘서 고마워

PART 3

당당하고 꿋꿋하게 세상 속으로

・・・

학교는 힘들다고 고백하는데. 이것을 시작으로 학부모들도 고백하고,
아이들을 힘들게 만드는 사회도 고백해야 한다.
학교만 바뀐다고 아이들이 바뀌는 건 아니라는 걸 사람들은 안다.
우리 이제 다시 시작해보자고 다 같이 고백하자고,
그렇게 학교는 변해갈 수 있다고 말이다.

치열한 고민의 현장,
학교의 고백

학교의 일상과
마주하다

학교가 앓고 있다

많은 사람들이 학교 밖에서 수많은 해법을 제시하지만 결국 무너지는 공교육을 살리는 길은 학교가 바뀌는 것뿐이라고 말한다. 그렇다면 학교는 어떻게 바뀌어야 할까? 그 근본적인 물음을 해결하기 위해서는 학교 안의 더 깊은 고민을 들어보려고 노력해야 한다.

모두가 행복한 학교로 거듭나기 위해서는 교육 현장에 있는 학교의 고백부터 시작되어야 한다. 학교에 대한 아름답고 따뜻한 이야기, 즐겁고 유쾌한 이야기도 많지만 지금부터 시작되는 학교의 고백은 그동안 학교가 숨기고 싶던 속살에 가깝다.

이번 이야기의 공간은 변화의 중심에 서 있는 수많은 학교들 중 여주중학교와 태봉고등학교이다. 아이들의 행복한 성장을 위해 공교육의 변화를 시도하는 두 학교는 서로 닮은 듯 다르다. 남자공립중학교인 여주중학교는 수업과 교실, 학교 혁신을 목표로 공교육의 회복을 위해 다각도로 노력하는 학교다. 그러나 교사는 학생 지도에 어려움을 겪고 학생들은 교사를 외면하는 게 학교의 현실. 변화가 절실하지만 학교에서 학생과 교사는 갈등을 반복한다.

태봉고등학교는 경상남도 창원에 위치한 우리나라 최초의 공립형 대안고등학교다. 입시 위주의 일반 인문계 고등학교와는 완전히 다른 교육 과정을 운영하면서 사립에만 맡겨두었던 대안교육을 공교육 안으로 끌어들인 실험적인 학교로 주목받고 있다. 2013년 첫 졸업생을 배출한 태봉고는 공립형 대안학교의 정체성을 확립해야 하는 큰 과제를 안고 있다.

치열한 고민의 현장인 두 학교를 들여다보면 수많은 고백들이 나온다. "저 또한 폭력교사였습니다", "아이들을 다 받아들이고 이해하기에는 제 그릇이 너무 작아요", "아픈 아이들이 너무 많은 거예요. 부모가 아프고 사회가 아픈 거죠", "일개 교사로서 학교 전체를 바꿀 수 없는 일이라는 걸 정확하게 알고 있습니다", "공교육에서 정말 버려야 할 것은 결과 보고입니다. 좀 더 믿어주고 내버려두었으면 좋겠어요" 등 학교 밖 타자의 시선으로는 절대 나올 수 없는 고백들이 터져나온다.

변화의 갈림길에 선 태봉고와 여주중이 들려주는 가슴 뜨거운 고백들, 그 고백들은 우리에게 어떤 메시지를 던져줄까?

공부, 지루하거나 재미없거나

아이들이 하루 중 가장 많은 시간을 보내는 곳은 학교다. 8시부터 자율학습, 9시 수업을 시작으로 방과 후 학습까지 마치면 6시가 훌쩍 넘는다. 학생은 수업을 받고, 잠시 쉬고, 점심을 먹고, 다시 수업을 받으며 정해진 시간표대로 움직이지만, 그 큰 틀에서 아이들은 저마다 다른 생각과 개성을 가지고 생활한다.

결석 한 번 없이 학교에 잘 다닌다고 하지만, 과연 우리 아이는 학교에서 잘 지내고 있을까? 선생님과는 부딪히지는 않는지, 친구들과의 관계는 좋은지, 수업 시간에 딴청을 부리지는 않는지 부모로서는 여간 걱정스러운 일이 아니다. 과연 우리 아이는 학교라는 공간에서 무얼 하고 지내고 있을까?

평범한 수업 시간

경기도 여주시에 위치한 여주중학교. 여주중학교의 하루도 평범하게 시작됐다. 교내 방송을 통해 수업 시작을 알리는 종소리가 울리고, 아이들로 북적거렸던 복도가 조용해졌다. 예나 지금이나 수업 시작은 선생님의 출석 확인이다. 영어 수업 시간이 시작됐다. 선생님이 자음과 모음에 대해 설명한다.

"다른 단어의 도움 없이도 스스로 소리를 낼 수 있는 것이 모음이에요. 반면에 자음의 자는 한자로 아들 자(子)예요. 아들에게는 엄마의 도움이 필요하죠. 그래서 혼자 소리를 내지 못하는 것을 자음이라고 해요."

선생님은 열정적으로 가르치지만 아이들은 재미없거나 지루한 표정을 짓고 있다. 지루함을 못 이기고 서서히 몸이 밑으로 쏠리더니 책상에 엎드려 자는 아이도 있다.

여주중학교는 1945년에 세워진, 역사가 오래된 학교다. 수업 내용은 여느 학교와 다르지 않지만, 딴청을 피우거나 공부에 흥미를 붙이지 못한 아이들이 여럿 눈에 띈다. 물론 이 학교만의 현상은 아니다.

공부에 점점 흥미를 잃는 학생들이 많아지자 여주중학교에서는 특단의 조치를 내렸다. 바로 성적 향상 프로그램이다. 이 프로그램을 신청하면 공부 잘하는 학생은 멘토가 되고 학습능력이 떨어지는 학생은 멘티가 되어 짝을 이루게 된다. 멘토는 멘티를 가르쳐주고, 멘티는 멘토에게 배우고, 서로 배우고 가르쳐주면서 공부의 즐거움을 알아가라는 취지다. 영어를 가르치는 홍석대 선생님은 이 프로그램의 책임자다.

"공부하는 데에서 재미를 찾아야 해요. 옛날에 우리 조상들이 한 말 중에 '배우고 때로 익히면 또한 즐겁지 아니한가.' 이런 말이 있잖아요. 여러분이 영어 단어 하나 외우고 한자 하나 외우고 하는 것들이 재미가 있어야 해요."

친구들끼리 짝을 지어 서로 배우고 가르쳐주다보면 배움의 즐거움, 가르침의 즐거움이 생기고, 그것이 점차 확산되기를 바라는 마음에서 선생님이 말한다. 더 욕심을 부리자면 멘티들이 지식뿐 아니라 멘토들의 생

· · ·

학교 안에서 아이들은 무슨 생각을 하고 있을까?

활 습관, 아침 기상 시간과 취침 시간, 시험 공부 습관 등을 가까이서 관찰하고 서로 챙겨주기를 바라지만, 아이들의 반응은 시큰둥하다.

성적 향상 프로그램은 단지 성적을 올리는 게 목적이 아니다. 집에서도 엄마가 공부하라고 하면 "공부했다"고 하거나 "이제부터 할 거야"라든지 "다음부터 잘할게"라는 말로 은근슬쩍 넘어가는 게 아이들이다. 이 프로그램의 최종 목적은 장기적으로 학교에 정을 붙여 학교 생활을 잘하는 학생으로 만드는 것이다. 물론 공부까지 재미를 붙이면 더할 나위 없지만, 운동장에서 축구를 하거나 마음 맞는 친구를 사귀거나 하다못해 급식을 먹는 거라도 재미를 붙여야 학교에 다닐 마음이 생긴다는 게 선생님의 생각이다. 하지만 아이들의 반응을 보면 그마저도 여의치 않아 보인다.

실제로 그런 학교의 노력에도 불구하고, 학교에 적응하지 못하거나 결석과 지각을 반복하다 제때 졸업하지 못하는 아이들이 있다.

복교생의 평범한 하루

일반 교실이 아닌 상담실. 선생님이 들어오자 먼저 와 있던 학생 둘이 꾸벅 인사를 한다. 평소 점심 때나 되어야 보이던 아이들이 2교시 전에 왔으니, 오늘은 양호한 편이다. 그런데 성민이가 보이지 않는다. 선생님이 전화를 걸어보지만, 아직도 잠에 취했는지 전화를 받지 않는다. 전화를 받지 않자 문자 메시지를 보내지만 전화도 문자도 답이 없다.

와야 할 아이가 오지 않은 상담실은 고요하다 못해 썰렁하기만 하다. 결국 선생님과 아이들이 다 같이 성민이를 찾으러 나섰다. 집에

있다는 보장도 없지만, 그래도 가볼 만한 데는 집밖에 없다. 다행히
도 집에서 늘어지게 자고 있던 녀석을 깨워서 밖으로 데리고 나왔다.

성민이를 포함한 세 학생은 제때 졸업을 못해 벌써 3년째 3학년인 복
교생이다. 교칙에 따르면, 수업 일수의 3분의 1을 결석하면 자동적으로
유예가 된다. 1년을 다시 다녀야 되는 것이다. 학교에 오기 싫어하는 아
이들을 어떡하든 구슬려서 졸업이라도 시켜야 사람 구실을 할 것 같은
데, 아이들은 그런 선생님 마음을 아는지 모르는지 점심 때가 되어서야
학교에 오거나 몸이 힘들면 결석을 하기도 한다. 그런 아이에게 수업을
들으라고 하면 학교에 아예 오지를 않으니, 복교생은 상담실에 따로 자
리를 마련해 특별 관리를 한다. 하지만 상담실을 자기 집마냥 편하게 여
기는 눈치다. 엎드리지 말라고 말은 하면서도 혼자 집에 있는 것보다는
학교가 나을 거라고 생각하는 선생님이다. 아이들에게 학교 말고는 딱
히 오라는 곳도 없으니까.

"아이의 마음속에 알게 모르게 그런 게 있어요. 삐딱하게 나간다고
할까요? 나른 사람들 밑에 거의 픽픽 쓰는 식으로 이야기해요. 그래도
6개월 지나면 조금 괜찮아지지 않을까요? 그때까지 기다려봐야죠."

– 이창섭 선생님

교육, 변화의 기로에서 대안학교를 찾다

공교육이 위기라고 한다. 학교가 변해야 한다는 요구에, 그 답을 찾아보겠다고 만든 학교가 있다. 대안교육을 공교육의 영역으로 끌어들인 학교, 바로 공립형 대안학교인 태봉고등학교이다.

학교에서 중도 탈락의 위기에 있거나 적응하지 못하는 학생들은 태봉고에서 보살핌과 교육을 함께 받을 수 있다. 공립형 대안학교인 만큼 정규 교과 과목은 다 배운다. 자유주의 정신에 입각하여 학생들이 자립과 체험 중심으로 자기 꿈을 찾아갈 수 있도록 도와주는 학교이다.

태봉고는 학교의 중요한 일은 아이들의 자율에 맡긴다. 자율로 이루어지니 당연히 아이들은 할 수 없는 것보다 할 수 있는 것이 더 많다. 운동장에 식판을 가지고 나와 밥을 먹을 수도 있고, 수업도 아이들의 자율에 맡긴다.

공동체 수업으로 흥미를 끌다

오늘 3학년 화학 수업은 야외 수업. 정수기의 원리를 배우는 시간이다. 이과반 수업이라 인원도 4명, 아주 단출하다. 선생님이 정수기의 핵심 부품인 수지 필터를 들고 설명하기 시작했다. 종이로 된 수지 필터에 미세한 공기 구멍이 있어서 물을 통과시키면 찌꺼기 등이 걸러진다는 원리다. 선생님의 설명이 끝나자 두 조로 나뉘어 페트병을 이용해 간이 정수기를 만들어보기로 했다.
페트병 밑바닥에 굵은 자갈을 깔고 그 위에 마사토를 깔고, 불순물을 걸러줄 숯도 잘게 쪼개 넣었다. 태봉고에는 이처럼 학생이 함께 만들어가는 수업이 많다.

선생님은 정수기 만드는 걸 유심히 지켜보고 있다가 아이들이 헤매거나 도움이 필요할 때만 조언을 한다.

두 조의 아이들이 언쟁을 주고받으며 서로 자기 팀이 만든 정수기가 진짜라고 우긴다. 화기애애한 분위기 속에 아이들의 관심이 수업으로 다시 돌아오도록 하는 게 선생님의 몫이다.

"원래 정수는 일정한 압력을 요구하기 때문에 물을 통과시키려면 좀 더 압력을 주면 빨리 통과할 거야."

태봉고의 수업 방식은 배움의 공동체 원리다. 소수 정예의 학생들이 조를 짜서 서로 가르치고 배운다. 교실에서 이론으로만 배우는 수업을 직접 실험하고, 체험하는 과정을 통해 아이들은 모두 수업의 주체가 된다. 난관에 부딪힌다고 해서 선생님이 문제 해법을 가르쳐주지 않는다. 아이들이 스스로 생각할 수 있도록 기다려주고, 함께 고민한다. 배움에서 소외되는 학생이 없으니, 수업 시간에 잠자는 학생도 없다.

아이들이 생각하는 학교의 모습은 어떨까?

3학년 지은이는 "태봉고는 작은 지구라고 생각해요"라고 했고, 같은 학년 시환이는 "이 학교에는 엄청 다양한 친구들이 와요. 다양한 친구들끼리 있다 보니까 한 친구의 영향을 받는 경우도 있지만, 여러 친구들에게서 많은 영향을 받아서 변하기도 해요. 태봉고 안에서의 힘은 엄청난 것 같아요. 공간이 만드는 힘을 다양한 사람들과 만들어가는 것 같아요"라고 말했다. 현동이 또한 "무엇보다 경험을 많이 하게 하는 학교"라고 정의한다. 자기 학교에 대한 자부심도 대단하고, 긍정적인 평가가 많다.

두세 시간을 책상 앞에 앉아 있게 만드는 힘은 무엇일까?

그동안 갈고 닦은 실력을 발휘하는 시험은 학생에게 가장 중요한 순간이다. 그동안의 노력을 평가받는 날인 동시에 대학 수준의 가능성을 점치는 날이기도 하다. 중간고사나 기말고사 시간이 되면 대부분의 아이들은 문제를 하나라도 더 푸느라 여념이 없지만, 그중에는 일찌감치 문제를 풀고 엎드린 아이들도 있고, 아예 답을 찍고 시험 초반부터 엎드려 잠을 청하는 아이들도 있다.

여주중학교의 복교생인 태민이도 겨우 이름만 적고 문제를 푸는둥 마는둥 하고 교실을 나왔다. 시험을 치러야 할 이유도 모르겠고 학교에 다니고 싶은 마음도 없지만, 적어도 졸업은 해야 하지 않겠느냐는 아빠의 설득에 넘어가 대충 시험 보는 시늉만 했다. 가족들에게 고등학교는 검정고시를 치르겠다고 공표한 상태다. 그때 선생님이 태민이를 찾았다. 학생이니까 시험은 봐야 한다며 손을 잡아끄는 선생님에게 이끌려 교실에 다시 갔다.

태민이처럼 성적 같은 건 관심에서 멀어진 지 오래되어 학교 교육에 더 이상 흥미를 느끼지 못하는 학생들에게 길은 없는 것일까?

직업 체험으로 일찌감치 진로를 고민하다

3학년 현동이와 2학년 주성이가 관심 있는 것은 곤충이다. 삽을 들고 풀숲으로 들어가 땅을 파기 시작했다. 장수풍뎅이 유충을 찾는 것이다. 얼마 지나지 않아 자기 손바닥 반만 한 유충을 발견한 현동이가 유충을 손으로 거리낌없이 만졌다. 둘은 LTI의 일환으로 여름부터 인근의 생태곤충학습관에서 곤충을 관리하는 일을 돕고 있다. 현동이가 찾은 유충을 페트병에 넣으며 제작진에게 유충에 대해 능숙하게 설명한다.

"이런 건 언제 다 공부한 거야?"

"중학교 때 곤충을 많이 좋아했거든요. 좋아하고 키우다보니까 자연스럽게 알게 되었어요."

태봉고와 일반계 고등학교와의 가장 큰 차이점은 태봉고에서는 LTILearning Through Internship라고 불리는 직업 체험 프로그램을 운영한다는 점이다. LTI는 1학년생부터 일주일에 두 번, 화요일과 목요일 오후마다 실시한다. 오후가 되면 아이들은 대부분 학교 밖으로 나가 현장에서 4~5시간씩 직업 체험을 한다.

'인턴십을 통한 직업 체험'이라고 할 수 있는 LTI의 모델은 미국의 메트 스쿨Met School이다. 메트 스쿨은 2000년, 미국에서 중도 탈락한 15~24세 청소년의 비율이 전국적으로 5퍼센트에 달하자, 공립학교의 위기를 타개하기 위해 로드아일랜드주 교육청과 민간 교육자들이 협력하여 세운 학교다. LTI는 학습의 영역을 학교 바깥으로 과감하게 확대하면서 철저하게 학습자 개개인을 위한 맞춤형 학습을 제공한다.

메트 스쿨의 LTI는 태봉고와 비슷하다. 이를 테면 다음과 같다. 한 달간 정보 수집 인터뷰를 하고, 일일직업 체험을 했던 프리실라는 물리 치료사 관련 인턴십을 결정했다. 그녀의 어머니가 최근에 손을 다쳐 치료를 받아야 했는데, 그때 이후로 물리 치료로 사람들을 돕는 데 관심을 가지게 되었다. 인턴십을 하면서 병원에 섬유근육통Fibromyalgia 증상으로 고통받는 환자 수가 갑자기 많아졌다는 사실을 알게 된 프리실라는 섬유근육통 진단을 받은 환자들에게 나눠줄 일련의 안내 책자를 만드는 인턴십 프로젝트를 계획했다. 이 증상에 대해 더 많이 알기 위해 멘토에게 조언을 구하고, 의사들, 환자들과도 이야기를 나누고 증상에 대한 의학 문헌을 찾아 조사했다. 수많은 초안을 거쳐서 완성된 프리실라의 책자는 인턴십 현장에서 실제로 사용되고 있다.

아이들이 관심을 가지고 있는 것부터 배우도록 하는 것이 그 목표를 달성하는 최상의 방법이다. 인턴십 학습은 겉으로 보이는 것처럼 직업 교육이 아니다. 특정 직업 기술을 가르치는 게 아니라 일반적인 능력을 익히기 위해서는 직업적 기술뿐 아니라 인문학적 학습도 필요하다. 그 핵심은 시간이 지나면서 달라지는 관심 분야를 지속적으로 추구해갈 수 있도록 다양한 기회를 제공하는 것이다.

미국의 메트 스쿨을 모태로 한 LTI 프로젝트 학습은 한국형으로 맞춰져 진행된다. 진행 단계는 인턴십할 곳 정하기 → 체험하기 → 프로젝트 기획하기 → 계획서·보고서·출석부·블로그(일지) 작성하기 → LTI 발표 순서이다.

프로젝트를 기획할 때는 의사소통능력·사회적 사고력·경험적 사고

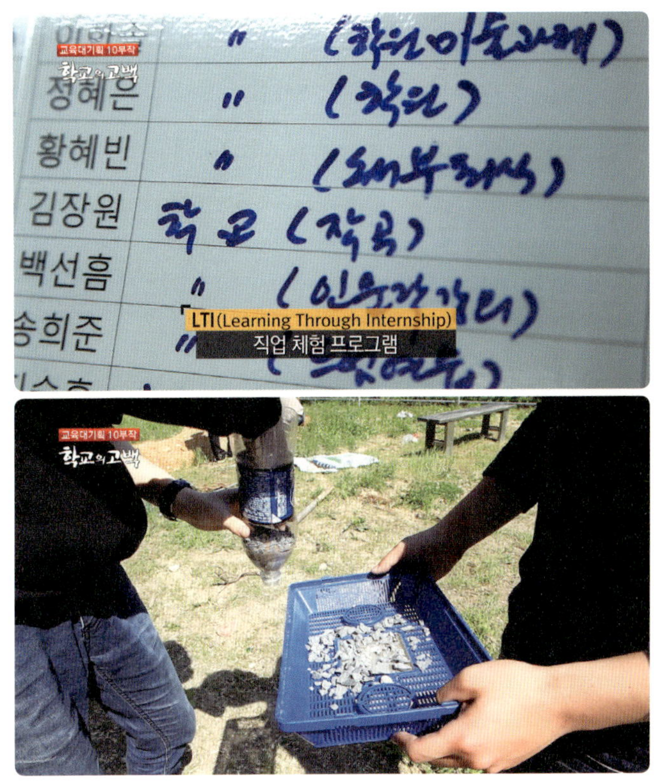

LTI 프로그램을 통해 아이들은 학교 안에서
자신에게 맞는 진로를 모색한다.

력·수리적 사고력·자기관리능력 등의 배움이 있어야 하고 사회적으로 가치 있는 것을 중요한 조건으로 한다.

인턴십할 회사나 기관도 본인이 연락해야 한다. 직접 연락을 하면 대개 용기가 가상하다고 좋게 보는 사람들이 많다. 그리고 개인별 직업 체험 성과를 주어진 15분 동안 한 학기마다 발표해야 한다.

이처럼 자기 직업을 찾아 직업 체험을 한다는 게 어렵지는 않을까?

아이들은 태봉고에 와서 훌쩍 자라기도 하지만, LTI 수업 시간에 뭘 해야 할지 모르는 아이들도 많다. 모자라는 잠을 보충하는 시간쯤으로 생각하는 친구들도 있다. 하지만 대다수의 아이들은 자기 꿈을 현실로 만들기에 열심이다.

1학년 세림이는 LTI 시간에 애견 간식용 쿠키를 만든다. 교내에 마련된 실습실에서 애견이 좋아할 만한 쿠키를 반죽하고 모양내고 오븐에 넣어 굽는다. 처음 세림이의 꿈은 수의사였다. 하지만 수의사가 되려면 높은 성적이 필요해 생각을 바꾸었다. 수의사 꿈을 접은 대신 동물과 함께할 수 있는 직업을 고른 것이다. 아직 뚜렷하게 진로를 정한 건 아니지만 애견 관련 직업을 생각 중이다. 세림이는 일반학교에 갔다면 수업 내용도 못 따라가고, '딱히 이것저것 하는 것도 없이 그냥 시간만 보내다가' 집에 왔을 것 같다고 한다. 공부를 잘하지 못하는 세림이에게 이런 직업 체험은 꽤 의미 있는 시간이다.

3학년 지은이의 장래희망은 교사다. 대학을 가야만 이룰 수 있는 꿈이기 때문에 LTI 시간에도 입시를 준비한다. 대안학교에서 공부를 한다니, 그건 일반학교에 가서도 할 수 있는 일 아닐까? 지은이는 인문계 고등학교에서 대안학교로 온 전력이 있다. 외고에 지원했지만 시험에 떨어지고 말았다. 하는 수 없이 인문계 고등학교에 갔지만, 공부하기가 싫었다고 한다. 그러다가 태봉고로 옮기고 교사가 되고 싶다는 생각을 하게 되면서 공부가 필요하다고 느꼈다. 필요에 의해 다시 공부를 시작하자 그 전에는 느끼지 못했던 재미를 느낄 수 있었다.

공방에서 일하는 호영이는 스스로 '책상 앞에 30분을 앉아 있지 못하는 아이'라고 했다. 그런데 요새 좋아하는 목공책을 들여다보노라면 저도 모르게 하루 두세 시간을 책상에 앉아 있을 때가 많다.

이처럼 직업 체험을 하는 아이들은 제빵사, 미용사, 극단활동가, 피아노 선생님, 북카페 주인, 간호사, 조경전문가, 사진작가, 교육학자, 바리스타 등 그 꿈도 다양했다. 직업 체험을 통해 구체적으로 미래를 설계하고 학습 동기를 얻은 아이들은 졸업 때가 가까워지면 90퍼센트 이상이 자신의 진로를 결정한다고 한다.

생태곤충학습관에서 직업 체험을 하는 현동이도 일찌감치 자신의 진로를 생물학자로 정했다. 진로를 찾는 게 매우 힘든 일일 수 있지만, 1학년 때부터 LTI를 하면서 충분히 고민하고 경험했기 때문에 자신의 진로를 찾는 데는 별로 어려움이 없다고 말했다.

똑부러시게 내답하는 현동이가 의젓해보이지만, 현동이는 중학교 때만 해도 학교 문제아로 불렸다. 어떤 선생님과 하루가 멀다 하고 부딪히고 사이가 안 좋았다고 한다. 선생님과 마찰을 빚다보니 마찰이 없었던 다른 선생님들도 현동이를 안 좋은 시각으로 보기 시작했다. 문제아로 찍혔던 현동이를 포함해 공부 의욕을 잃었던 아이들이 대안학교에 와서 이처럼 변화한 이유는 무엇일까?

"처음엔 아무것도 안하고 문제를 일으키던 학생이 3학년이 되자 자기 진로라든지, 꿈이라든지, 가치관이라든지 이런 걸 가지고서 진지해지고 눈빛이 달라져요. 자기 삶을 주체적으로 생각하게 되거든요. 그런 학생들이 제법 많아요.

선생님들은 단지 아이들을 기다려줬다라는 것 정도? 그냥 그 아이들이 그 안에 있는 것들을 내놓을 수 있게끔, 발산할 수 있게끔 기다려주는 거죠."

– 하태종 LTI 담당 교사

규율과 자율은
공존할 수 있을까?

규율과 자율, 그 사이에서

등굣길의 복장 검사

여주중학교의 아침 등굣길. 아이들은 아직 교복을 입는다. 예나 지금이나 학생 지도는 학생주임 선생님 몫이다. 학교에 아이들이 하나둘 등교함과 동시에 선생님들도 분주해진다.

황진동 선생님이 교문 앞에서 학생 지도를 하고 있다. 선생님의 눈을 피해 지나가던 한 학생이 걸렸다. 교복을 놔두고 사복을 입고 오다 걸린 참이다.

교복에도 패션이 있다. 남학생의 경우 바지통이나 바짓단을 줄여 입는 게 대표적이고, 여학생의 경우 좀 더 다양하다. 상의는 넉넉한 크기로 길게 늘어뜨리고, 치마 길이는 짧게 해 하의 실종 패션을 선보인다든지, 경우에 따라 위로 올린 헤어스타일을 유지하기도 한다.

학교마다 규율도 조금씩 다르다. 목 올라오는 양말을 못 신게 한다든지, 큐빅 박힌 액세서리를 금지하기도 한다. 체벌이 없어진 대신 상·벌점제를 도입했다. 숙제를 안 해오면 벌점 1점, 욕을 하면 5점 등 벌점을 주고, 벌점이 누적되면 학부모를 부르거나 사회봉사를 하는 식이다.

귀밑머리 5센티미터, 스커트 길이 몇 센티미터 식으로 과거에는 두발부터 복장까지 학교에서 엄격하게 관리했지만, 엄격한 생활지도 규정이 학생의 인권을 침해한다는 결정이 내려졌다. 학생인권조례가 시행되면서 학교들의 엄격한 복장 규제도 완화됐다. 학생인권조례에는 학교 교육과정에서의 체벌 금지 등 폭력으로부터 자유로울 권리, 성별·종교·나이·사회적 신분·정치적 의견 등을 이유로 차별받지 않을 권리, 복장·두발 등 용모에서 개성을 실현할 권리, 부당한 간섭 없이 개인물품을 소지·관리하는 등 사생활의 자유를 가질 권리, 학교 안팎에서 집회를 열거나 참여할 권리 등을 담고 있다.

학생인권조례는 통과되었지만, 교과부에서는 학생의 두발과 복장은 학생과 학부모, 교사들의 의견을 들어 학생의 자율이 아니라 학교 실정에 맞게 자율적으로 정하도록 지시했다.

경기도에서 처음 시행된 학생인권조례는 아이들의 인권은 보호받아야 한다는 데는 공감하지만, 학생의 자율에 전면적으로 맡겨야 한다는 의견과 그 반대 의견이 충돌하고 있다. 학생의 자유를 억압했던 규제들을 동시에 풀어주면 학교 질서가 무너지고, 교권이 무너진다는 우려다.

학교 선도위원회는 처벌위원회?

처벌과 징계의 대명사, 학교 선도위원회

선도위원회가 열리는 교장실. 긴 탁자에 선도위원회 교사와 교장 선생님이 자리를 잡고, 한쪽 끝에 학생과 어머니가 앉아 있다. 수업 시간에 선생님에게 대들었는데, 그 정도가 심각하다고 판단해 어머니까지 학교에 오게 됐다.

바늘 방석이 따로 없다. 모두에게 불편한 시간, 학생은 고개를 숙이고 있고, 말을 경청하는 교사도 마음이 편치 않다. 이 자리에 불려온 어머니는 때리고 싶으면 차라리 때리라며 학교의 처사에 불만을 내비쳤다. "어른들이 노력하지 않는데 아이들더러 노력하라고요? 노력해요. 하지만 애들은 어른보다 더 노력하기 힘들어요. 어른들이 먼저 조금만 더 사랑으로 이끌어주시면 감사하겠어요." 최대한 자제해서 하는 말이라고 하지만 항의에 가깝다.

선도위원회가 벌을 주기 위한 자리가 아닌데도 불구하고 늘 상황은 이처럼 불편함만 남는다. 어머니는 아이를 잘 부탁한다고 말하지만 분위기는 이미 싸늘하다. "어머님도 아이에 대해서 좀 이야기를 해주시고, 우리도 이 아이가 잘되려면 어떻게 했으면 좋은지 이야기하는 자리"라고 취지를 다시 설명하고, 서로 정보를 교환해 아이가 잘해나갈 수 있는 길을 찾아주자는 식으로 마무리를 했다.

선도위원회는 학생을 올바르고 좋은 일로 이끄는 '선도'를 하는 곳이지만 학생들의 입장에서는 처벌을 받는 처벌위원회와 다름없다. 학생이 잘못을 하면, 그 해명을 듣는다고는 하지만 경중에 따라 처벌 수위를 논할 때가 많다. 아이들을 올바른 길로 이끌 수 있는 구체적인 방법을 주기보다는 결론은 매한가지, 어떻게든 잘하자는 식으로 성급하게 마무리될 때도 많다. 선도위원회가 부르면, 이미 반감을 가지고 아예 오지 않는 학생들도 있다. 묵묵히 오는 학생들은 그나마 나은 편이다.

학생과 어머니가 나간 뒤로 사회봉사 선도 처분을 성실하게 이행하지 않아 다시 선도위원회에 불려온 학생 두 명이 들어왔다. 선생님들이 주의를 주자 학생들은 앞으로 지각하지 않고, 교복도 잘 입고 열심히 하겠다고 다짐했다. 아이가 진심을 담아 말하는 게 아니라, 그저 말뿐이라는 걸 선생님도 잘 안다. 반성하는 학생도, 듣고 있는 선생님도 상처가 되는 시간이다.

아이들이 나가자 선도위원회 선생님들 사이에서 한숨이 터져나왔다. 아예 선생님의 이야기 자체를 안 들으려는 아이들을 교사가 지도할 수 없다는 회의적인 이야기부터 아이가 교실을 휘젓고 난동을 부리면 교사도 상처받고 한 아이로 인해 다른 아이들에게 피해가 간다는 현실적인 고민 등 그간 참았던 이야기들이 쏟아져나왔다. 아이와 대화를 시도했다가 교사를 불신하는 아이가 소리를 지르고 교사를 향해 눈을 부릅

뜨고 덤비더라는 이야기도 새롭지 않다. 스스로 교사가 맞는지 자괴감에 빠질 정도다. 더욱 절망적인 건 아이를 선도하는 길이 아이를 꾸짖거나 심한 경우 벌점을 주는 것밖에는 다른 대안이 없다는 점이다. 최악의 경우 등교 정지 카드를 내밀지만 그것조차 효과가 없다는 건 누구보다 선생님이 잘 안다. 아이는 달라지지 않고, 해결되지 않은 문제는 또다시 과제로 남는다.

학생인권조례가 시행되면서 학생들을 어떻게 대해야 하는지 그 고민도 깊어졌다. 방송이나 책에서 말하는 걸 숱하게 들으면 아이들을 어떻게 대하라는 건지 그 방향은 알겠지만, 그게 현실이 되면 계속 부딪친다는 점이다. 이런 날들이 계속되면서 교사로서의 자신감을 잃는 순간도 많다.

선생님이 가장 고민하는 부분은 '아이들을 어느 정도까지 이해해줘야 하는가?'이다. 아이가 무단조퇴해도 이해해줘야 하고, 무단지각해도 이해해줘야 하고. 학교 폭력을 휘두르거나 선생님에게 대들어도 선생님은 다 이해를 해주어야 할까?

협의의 공동체 회의, 금기를 건드리다

여주중 선생님의 고민은 개인적인 교사의 능력이나 자질의 문제는 분명 아니다. 일선 현장에 있는 교사들도 마찬가지의 고민을 한다. 물론 부모도 예외 없다.

태봉고의 다른 선생님도 "어느 정도까지 학생들을 이해해줘야 하는

지, 이런 건 아마 전국에 있는 선생님들이 다 명예퇴직을 걸고 고민하는 문제"라고 인정한다. 학생의 자율을 최대한 보장하는 대안학교라지만, 아이를 알아주고 이해해주는 건 교사로서 늘 고민의 출발이자 종착점이다.

그러면서도 선생님은 태봉고에서의 경험을 통해 아이들의 감정을 알아주는 것에서부터 교사의 역할이 출발해야 한다고 강조했다. 아이들의 힘든 감정, 반항하고 사고 치고 싶은 감정은 받아주고 이해하되 다음에 일어나는 행동은 어른이 정확하게 규정해주자는 뜻이다. 아이가 지각하면 "지각은 절대 안 돼", "지각하지 마"라는 말보다는 "네가 지각할 정도로 힘든 일이 있었구나"라고 감정을 이해해준 뒤에 "집에 무슨 일이 있었구나. 하지만 지각은 안 돼"라고 이야기를 해야 한다는 것이다. 감정을 공감해서 아이의 마음을 풀어주면, 그때부터 아이는 어른을 믿고, 어른도 혼란이 생기지 않는다. 감정은 충분히 받아준 다음, 잘못된 행동은 지적하라. 평범하지만 강력한 교육의 진리다.

학교 제반에 드러나는 문제들은 선생님의 도움으로도 어쩌지 못하는 게 현실이다. 만약 일반학교의 선도위원회가 하는 일을 규제의 대상인 학생에게 맡긴다면 어떻게 될까?

성욕은 어떤 욕구보다 강하지만, 한국 정서상 그 주제를 드러내기를 꺼려한다. 특히 미성년자인 학생에게 성 이야기는 금기시되는 영역이다.

물론 학교에서도 성교육을 한다. '삶과 철학' 시간에 이성 교제에 대해 이야기를 하고, 성교육도 하지만 형식적일 뿐이고 아이들이 진짜로 원하는 정보와는 차이가 있다. 아이들이 원하는 건 연애다. 요즘 같이 연애 주기가 짧아지는 지금, 헤어질 때 어떻게 예의 있게 헤어지는가, 연애하는 방법, 남녀 갈등을 풀어가는 법, 동성 연애를 바라보는 관점 등 연애에 대한 교육도 필요하다. 그러나 우리 교육은 아직까지 그런 전반적인 이야기보다는 성교육에 집중되어 있다.

최근 들어서야 성적 문제들을 현실적인 차원에서 인정하고 현명한 대처법을 강구하고 있다고 하지만 성 관련 문제들이 생기면 학교에서는 이를 떳떳하게 받아들이지 못한다. 연애, 성관계, 임신 등의 이야기는 공론화되지 못하고, 용기 있는 학교가 이런 이야기들을 드러내놓고 이야기하면 주위에서는 비난한다. 그렇다고 해도 이성 교제와 그로 인해 발생하는 여러 문제들을 더 이상 물러나 바라볼 수 없는 현실이다. 그것은 일반학교나 대안학교나 마찬가지다.

태봉고의 최근 가장 큰 화제는 혈기 넘치는 10대 커플들의 연애다. 닫힌 공간에서 커플들의 공공연한 스킨십이 그 논란의 중심. 공공장소에서 민망할 정도로 스킨십을 하는 커플들을 향한 불만이 만만치 않다.

이런 큰 문제들이 생기면, 태봉고에서는 선도위원회가 아니라 공동체 회의가 열린다. 일주일에 한 번씩 열리는 공동체 회의는 태봉고의 학생, 교사 등 모든 구성원들이 참여하고 토의할 수 있는 운영 회의다. 태봉고의 학생생활지도 관련 시안을 해결히는, 가장 실질적이고 권위 있는 의사결정기구이다. 공동체 회의를 통해 학생들과 교사들은 직접민주주의의 원리를 온몸으로 체득한다. 여기서 학생들과 선생님들이 다 같이 모여서 규칙을 만든다.

일반학교에서는 감히 상상도 못할 파격적인 주제로, 거침없는 발언들이 쏟아졌다. 제작진의 카메라가 회의 장면을 계속 찍고 있자 한 선생님이 굉장히 사적인 얘기이므로 카메라를 껐으면 좋겠다고 요청했지만 곧 아이들의 반발에 부딪혔다. 모든 걸 드러내고 찍어야 한다는 아이들의 말에 선생님도 수긍을 하고 카메라도 멈추지 않고 계속 돌아갔다.

이성 교제는 지난주에 이어 다시 회의 안건으로 올라온 주제다. 커플들이 다른 곳에 에너지를 발산시킬 수 있도록 공부하고 운동할 수 있는 공간을 만들어주자는 의견부터 다양한 의견들이 오갔지만 결론이 나지 않은 상태다. 특히 스킨십으로 남들의 이목을 집중시키거나 오해할 만한 행동을 해서 벌어지는 일이므로 연애 금지, 또는 스킨십 금지를 규정으로 정하면 가장 확실하겠지만, 규제를 하면 스킨십을 안 하는 게 아니라 더욱 음성적으로 이루어지거나 두 사람만의 공간으로 쫓는 빌미가 되어 더욱 위험하다는 의견이 설득력을 얻으면서 일차적인 벽에 부딪혔다.

과연 그 대안은 없을까? 일반학교에서는 연애 자체를 학교에서 드러내놓고 공개하는 경우는 없다. 그리고 금기시 된 연애, 섹스, 임신 등의 문제가 나오면 보통 경고 조치나 퇴학 조치가 이뤄진다. 만약 일반학교

아이들이 주축이 된 공동체 회의.
다양한 의견이 오가며 열띤 토론이 이어졌다.

들처럼 스킨십을 금지하고 지키지 못할 경우 퇴학 조치를 한다면, 정작 아이에게 문제가 생겨 누군가의 도움이 필요할 때 학교나 선생님이 도움을 주지 못하는 상황이 되고 만다.

이성 교제, 그 대안을 찾다

"분명히 우리가 할 수 있는 한 실질적인 실행이 있어야 한다고 생각합니다. 제가 감히 제안하는데, 커플 등록제를 했으면 좋겠습니다."

커플 등록제를 실시해 만약 커플이 되면 선생님에게 커플 교육을 받고 정기적으로 커플들끼리 모임을 갖자는 취지다. 한 아이가 좀 더 현실적인 대안을 제안했다.

"선생님과 함께 성교육을 같이 했으면 좋겠어요."

토론을 지켜보던 박경화 선생님이 일어섰다.

"몇 시간 안에 규정을 정하고 제재하는 건 거의 불가능한 것 같아요. 선생님들이 아무것도 안 하겠다는 게 아니라 다른 선생님이나 제가 일과 시간 중에 여러분하고 섹스 토크를 할 수 있도록 구체적인 방안을 생각해보겠습니다."

예쁜 사랑을 하는 건 환영하지만, 지나친 스킨십은 예뻐 보이지 않는다는 말로 결론을 맺고 회의가 끝났다. 열띤 토론의 결과물치고는 명쾌해 보이지 않지만 공동체 회의를 통해 문제를 공론화해서 치열한 공방을 벌이고 나면 분위기가 조금씩 달라진다. 커플이건 아니건, 행동을 조심하게 된다. 스스로 말과 행동을 자제하는 것이다.

공동체 회의에서는 그때 그때마다 생기는 크고 작은 문제들이 안건이 된다. 음주 문제, 휴대전화 사용 문제, 도난 사건 등 회의 사안도 다양하다. 회의는 서로 생긴 갈등은 풀고, 잘못에 대한 책임을 따지고 묻는 자리다. 별다른 사안이 없을 때는 외부 선생님들을 초청해 강연을 듣거나 음악회, 간담회, 토론회 등을 열기도 한다.

공동체 회의는 '교사 중심의 학교 문화'에서 '학생 중심의 학교 문화'를 만드는 핵심적인 대안학교 교육 과정이다. 공동체 회의의 의장은 학생들이 직접 투표로 선발한 학생회 회장이 맡는다. 학생뿐 아니라 교장, 교감, 교사들도 학생들과 똑같은 1표를 행사하는 의사결정기구이다. 간혹 학생들끼리 말도 안 되는 논쟁을 벌이며 시간을 낭비하는 한이 있다 해도 교사는 개입하지 않고 끝까지 기다리고 들어야 한다.

일반학교에서는 교사가 주도해 5분이면 간단하게 처리할 수 있는 생활지도 사안이 공동체 회의를 통하면 최소 두 시간은 걸려야 겨우 합의에 이를 수 있다. 간혹 아주 심각한 생활지도 사안이 발생하면 몇 주간에 걸쳐 협의를 하거나 더 심각한 경우 2, 3일씩 이 회의에만 몰두하기도 한다.

일반학교 시각에서 보면 아주 쉽고 간단하게 처리할 수 있는 일에 이처럼 시간을 들이는 이유는 무엇일까? 태봉고 선생님들은 그것을 매사에 '효율성'을 따지는 나쁜 습관이라고 정리했다. 그렇다 해도 기나긴 협의의 과정이 지루하고 답답하지는 않을까?

"저는 태봉을 키운 절반의 힘은 공동체 회의라고 생각합니다. 그만큼 우리가 개교를 준비하면서 디자인했던 수많은 학교의 그림 중에서 가장 잘되는 것 중의 하나가 이 공동체 회의예요."

– 조정희 선생님

"태봉에 와서 오늘 처음으로 태봉 아이들, 괜찮네, 대단하네 하고 느꼈어요. 진행도 잘했고요. 성교육의 제일 큰 목표점이 뭐냐면 서로 다른 생각을 모으는 것이거든요. 가르쳐주지 않았는데도 너무 잘하는 거예요. 참 대단해요."

– 박경화 선생님

"어떤 문제 상황이 생겼을 때 교사가 결정하면 금방 할 수 있죠. 5분 내로, 정해진 매뉴얼대로 금방 할 수 있는데 이걸 학생들에게 열어준 의미는 자기 스스로 느끼자는 거예요. 우리 스스로 문화를 만들어가자는 측면이 강하죠. 5분 만에 결정할 사안을 두 시간 동안 얘기를 나누잖아요. 길게 얘기를 나누면서 스스로 느끼게 하는 거죠. 거기에 공동체 회의의 의미가 있고요."

– 백명기 선생님

아직도 학교는 변화 중

태봉고의 공동체 회의가 좋은 점만 있는 걸까? 회의는 끝났지만, 모두의 마음에 드는 결론은 아니었다. 공동체 회의에서 좀처럼 얘기를 하지 않는 아이들도 있다.

공동체 회의를 경청하기만 했던 3학년 서은이는 의견이 다양하게 받아들여지지 않는다고 했다. 뭔가 방향이 정해져 있는 느낌이 든다는 것이다. 다양한 아이들이 원하는 것을 충족하기 보다는 발언을 자주 하는 소수 아이들의 의견대로 흘러간다는 말이다. 늘 새롭게 이야기하는가 싶다가도 우리를 위한 게 좀 나오나 싶어 들어보면, 결국 비슷한 결론으로 간다고 했다.

여태전 교장 선생님은 침묵하는 아이들의 불만을 잘 어루만져주지 못한 것 같아 미안하다. 한 부분을 바라보면 다른 한 부분이 안 보인다는 것을 매번 느낀다.

"아이들이 말하는 몇몇 친구들이 학교 분위기를 주도한다는 말에 동의를 하면서도 잘 참고 기다려준 친구들한테 고맙기도 해요. 그걸 못 견디고 힘들어했지만 결국 변화의 모습은 봤거든요. 제가 제일 바라는 건 이제 어느 정도 내공을 기르고 힘이 모아지면 아이들 스스로 자치적인 힘을 가지고 정의를 살리게 되는 거예요."

– 여태전 교장 선생님

2010년에 개교한 태봉고는 2013년 처음으로 졸업생을 맞았다. 공부에 재미를 느낀 학생들은 대학으로, 자신이 원하는 직업을 찾아 떠나고, 아직 자신의 꿈을 모르겠다는 학생은 자기 정체성을 찾아 여행을 떠난다. 대학 입학 중심으로 돌아가는 일반학교와 달리 대안학교는 자신의 가치를 발견할 수 있는 다양한 통로를 마련해두고 있지만, 결국 그 대안이 공부가 되어버리거나 가치를 찾지 못하는 경우도 생긴다.

기말고사 기간이 다가오면 아이들은 두 부류로 나뉜다.

태봉고에도 일반학교처럼 기말고사 시험을 준비하느라 밤늦게까지 선생님을 놔주지 않는 아이들이 있다. 성운이도 수학 선생님이 다른 아이와 문제를 다 풀 때까지 교실 창문틀에 기대어 차례를 기다리고 있다. 평소 선생님을 자주 찾는 편이 아닌데 시험 기간이라 이해가 안 되는 걸 빨리 선생님께 물어보기 위해 왔다.

물론 모든 전교생이 기말고사 기간에 열공 모드로 변하는 건 아니다. 태봉고 선생님들도 이러한 문제들을 모르지 않다. 공부하는 아이와 공부 안 하는 아이로 나뉘는 문제는 3학년 아이들이 진로를 준비하면서 더 뚜렷하게 나타난다.

교무실에서 진학 상담을 하는 아이들

방학이 됐다. 집으로 돌아갔던 아이들이 수시 원서를 쓰러 왔다. 생물학과로 진로를 결정했던 현동이도 선생님과 자기 소개서부터 하나하나 꼼꼼히 되짚어본다.

"너 지난번에 썼잖아. 중학교 때의 방황. 내 맘대로 되지 않았던 거. 지금 쓴 이 글보다 더 인상적인 상황이 있을 것 같아."

선생님이 되고 싶은 지은이는 고전 중이다. 가고 싶은 대학과 갈 수 있는 대학의 차이가 크기 때문이다. 국립대를 보내고 싶은 부모의 반대도 심하다. 선생님이 지은이의 마음을 다독인다.

입시 위주의 교육을 비판하고 자율적인 선택으로 아이들의 창의적 사고와 꿈을 키우기 위해 세운 대안학교라지만, 결국 아이들은 대학에 들어가기 위한 공부를 선택하는 이 현실을 어떻게 받아들여야 할까?

선생님은 학생들의 진학을 학교의 성과로 여기지 않으면 된다고 말한다. 성과주의가 되면 학교도 부담이 되고 학생들은 불행해진다는 것이다. 학교는 학생이 원하는 대학이 있고 원하는 과가 있으면 그곳에 갈 수 있도록 지원을 해주는 것이지, 그것을 성과로 생각하면 그때부터는 욕심이 되어 경쟁을 부추긴다는 뜻이다.

학교의 규율 문제도 마찬가지다. 조정희 선생님은 이처럼 아직 혼돈스러운 분위기를 하나의 과정이라고 설명했다. 지금 나타나는 현상은 규율이 느슨해서 나타나는 자연스러운 문제들이라는 것이다. 일반학교에서의 습관이나 생각, 관점을 바꾸는 건 쉽지 않다. 적어도 몇 달도 아닌 몇 년이 필요하다. 그저 아이들이 올바르게 성장할 수 있을 때까지 선생님으로서 지속적으로 사랑과 관심을 주어야 할 뿐이라고 말이다.

'기다림'의
효과

평행선을 달리는 학생과 교사

대체 벌점제로 사회봉사를 나가는 아이들

여주시의 한 요양시설. 여주중학교 아이들 세 명이 손수레에 흙을 퍼 담고 있다. 벌점이 쌓여 선도위원회에서 사회봉사 처분을 받은 아이들이다. 정해진 일수 동안 사회봉사 시설에 와서 봉사 활동을 해야 등교 정지를 받지 않는다.

요양시설에서 사회봉사를 하는 연수는 지각으로 벌점이 쌓였다고 했다. 연속으로 열 번 넘게 지각을 한 탓에 선생님에게도 요주의 대상이다.

누구보다 선생님과 자주 만나서 이야기하는 학생이라고 하면 대부분 공부 잘하는 학생이나 학급 임원이라고 생각하기 쉽지만 꼭 그렇지만은 않다. 오히려 학교에서 요주의 인물로 찍힌 학생이 선생님의 관찰 대상이 되어 다른 아이들보다 선생님과 마주하는 경우가 많다. 가뜩이나 지각을 자주 하는 연수도 거의 매일 선생님과 이야기한다. 선생님은 그것이 아이에게 관심을 쏟고 애정을 주는 증표라고 여기지만, 그 대상이 되는 아이들은 생각이 다르다. 아침에 등교하면 등교와 동시에 선생님에게 확인받고, 학교에 안 오면 다음 날 왜 안 왔는지 해명을 해야 하고, 지각한 날은 어떤 이유로 지각했는지를 설명하는 시간을 선생님의 사랑과 관심을 확인하는 시간이라고 생각하지 않는다. 그저 벌점을 주기 위한 시간이라고 생각한다.

혹시 학교가 싫은 건 아닐까? 아이들의 대답을 빌리면 '그렇지는 않다'. 학교가 싫은 건 아니지만, 뭐만 하면 벌점을 주는 학교의 처사가 싫을 뿐이다. 아이는 아이 나름대로 힘든 삶을 살고 있는데, 어른들은 계속 어른의 방식대로 강요하고 함부로 자신의 인생에 끼어드는 게 싫은 걸지도 모른다.

여주중학교는 학교 폭력으로 학교가 개교한 이래 가장 큰 아픔을 겪었다. 학교 폭력으로 22명의 학생이 검거된 큰 사건이었다. 학교 폭력이 세상에 알려지고, 이를 해결하는 과정에서 체제에 반발하는 학생과 교사가 부딪치면서 서로에게 깊은 상처를 남겼다. 불안감과 절망이 파고들면서 학교는 모진 진통을 겪었다.

본의 아니게 아이들과 대척점에 서게 된 교사가 느끼는 위기는 더욱 크다. 학생주임 선생님은 그 심정을 "이렇게 가다가는 몇 년 내로 우리 학교가 망할 것 같다는 절박함"이라고 표현했다. 또 다른 선생님은 "지금은 이를 악물고 아이들을 끌고가고 있지만, 언젠가 의지가 풀어지면 자신도 쓰러질 수 있겠다는 불안감"이 순간순간 몰려온다고 고백했다. 어떻게든 버티고 있지만 계속 감당할 수 있을지 모르겠다는 게 교사로서의 솔직한 심정이다. 그럴 때는 교사로서 살아가는 일은 '두려움'이다.

교사는 소리 높여 가르치지만 책상에 엎드리는 아이들. 지금의 교사와 학생의 관계를 단적으로 보여주는 교실 풍경 중 하나다. 10대 청소년의 일탈과 범죄는 더 이상 새로운 뉴스 거리가 아니다. 교내에서 선생님이 훈육을 하다 학생에게 폭력을 당하거나 경찰에게 신고를 당했다는 뉴스도 심심치 않게 들린다. 교사는 대화를 시도하면 학생이 마음에 빗장을 걸고 반항한다고 하고, 아이는 대화할 준비가 되면 교사가 다른 업무로 바쁘거나 벌점을 내리기 일쑤라고 푸념한다.

전문가들은 중·고등학생을 관계를 맺고 어른에게 인정받고 싶은 욕구가 강한 시기라고 말한다. 충분한 시간을 두고 대화를 나누면 그 관계도 친밀해질 수 있는데, 대화 시간도 부족하거니와 그나마 시간이 나도 훈계하거나 일방적으로 지시하는 것이 대부분인 탓에 학생과 교사가 평행선을 달린다는 것이다. 교사들만이 아니다. 생각해보면 아이 주변에서 아이를 야단치지 않는 어른들은 보기 드물다.

'대화를 하려고만 하면 눈을 부릅뜨는' 학생과 '뭐만 하면 벌점을 주는' 선생님 사이는 언제까지 이렇게 평행선을 달려야 할까? 교사와 학생의 관계의 해답을 향해 선생님이 던지는 메시지는 짧고, 강하다.

"기다리는 거예요."

기다림이 부족하면 경쟁에 내몰린다

핀란드 육아법에 이어 요즘 프랑스 교육법이 새롭게 조명을 받고 있다. 프랑스 부모들의 주요한 육아 철학 중 하나가 바로 기다림이다. 프랑스 남성과 결혼해 프랑스에 정착한 미국의 파멜라 드러커맨 기자가 쓴 책을 보면 프랑스 부모는 아이가 소란을 피우면 "조용히 해", "그만해"가 아니라 "기다려"라고 말한다. 아이들의 식사 시간도 오전 8시, 정오, 오후 4시, 오후 8시로 정확하다. 늘 정확한 시간을 지킴으로써 기다림을 훈련하고 식사 예절이 몸에 배도록 하는 것이다. 잘 기다리는 아이는 스트레스가 생겨도 쉽게 무너지지 않는다고 한다.

아이를 키우는 건 기다림과의 싸움이라는 말이 있다. 특히 성장과 속도를 재촉하는 우리 교육 정서상 부모나 교사는 기다리는 것을 가장 어려워한다. 그 시기에 맞는 적절한 발달과정을 보여도 영재 교육이나 선행 학습을 시켜야 하는지를 고민하며 교육을 속도전으로 생각한다. 비교가 나쁘다는 말을 숱하게 들으면서도 남보다 빠르게, 남보다 잘하기를 바란다. 다른 아이들과의 경쟁을 부추기는 것이다. 아이가 문제에 부딪히면 자기 자신을 믿고 훌륭하게 해결할 때까지 그 과정을 지켜보며 기다리지를 못하고 결과를 기대하고 평가한다. 그리고 그 결과가 기대에 미치지 못하거나 더디면 참고 기다려주기보다 조급해하고 화를 낸다. 헬리콥터 맘처럼 아이의 주변을 맴돌면서 크고 작은 일들에 참견하고 과잉보호하기도 한다. 부모는 아이 미래를 생각해 돕는다고 하지만 그러한 교육 조급증은 아이 스스로 할 수 있음을 믿지 못하기 때문에 생기는 경우가 많다. 그 시기 습득하는 능력들이 균형을 이루지 못하면 지적능력은 뛰어나지만 정서적 발달은 따라가지 못하는 발달차가 생긴다. 배려, 여유, 이해, 협력, 긍정, 경청과 같은 인성·정서적 발달이 멈추는 것이다.

기다림의 교육은 아이 스스로 준비할 수 있도록 도와주는 시간이다. 아이가 말을 잘 못해도 말하기까지 기다려주고, 아이가 실패를 하면 실패의 원인을 알고 스스로 고치고 성공할 때까지 기다려주는 지혜가 필요하다. 아이는 학습할 준비가 되어 있을 때 부모나 교사의 가르침을 빠른 속도로 받아들인다.

기다림이라는 말이 무책임한 방임처럼 느껴지기도 하지만, 아이는 자기가 원하는 행동을 충분히 하고 난 뒤에 그 행동의 의미를 찾아가는 과정에서 자신이 마주한 다양한 문제를 찾아낼 수 있다.

기다림의 교육을 강조한 태봉고에서 실제로 기다림의 교육은 어떤 형태로 실현되고 있을까? 선생님들의 교육 현장을 찾아가보기로 했다.

기다림의 교육1 경청과 설득

항상 바쁘게 움직이는 박경화 선생님의 발걸음이 더욱 빨라졌다. 정규 수업이 끝난 지 한참 되었지만, 아직까지 선생님의 일은 끝나지 않았다. 해결해야 할 새로운 일이 더 남아 있기 때문이다. 학교를 나와 선생님이 바삐 향하는 곳은 지연이 집이다. 오늘 지연이와 함께 부모님을 찾아가기로 했는데 아직 지연이의 모습이 보이지 않는다. 선생님이 전화를 걸었다. 지연이가 전화를 받지 않아 지연이의 친구들에게 전화를 몇 차례 돌린 끝에 겨우 연결이 됐다.

선생님의 걱정스러운 말에 아이는 사납게 대꾸하지만, 그래도 선생님은 개의치 않는다. 말은 거칠게 해도 걱정 많고 겁 많은 성격이라는 걸 알기 때문이다. 아이부터 찾아놓는 게 우선이라는 생각에 선생님은 바쁘게 문자를 보내고 전화를 하며 계속 설득을 했다. 그렇게 하루가 저물어 가지만, 선생님은 포기하지 않고 계속 문자를 보내고 전화를 했다. 제대로 하려고 마음먹으면 그 끝이 안 나는 게 일 아닌가. 하나가 해결되면 또 하나가 생기고, 또 하나가 해결되면 다른 일이 터진다. 그 일을 해결하기 위해 교사가 월급을 받는다고, 그러니까 웃으면서 일해야지 하고 말을 하면서도 이러다 제 명에 못 살지,라는 푸념이 절로 나온다. 아이를 위로하면서도 누구보다 위로받고 싶은 건 선생님 자신이다.

가정 문제로 고민하는 아이는 그 누구의 위로나 도움보다 부모와 만나 솔직하게 대화를 나누는 게 최선이다. 선생님은 아이와 부모가 대화를 나누게 하려고 동분서주하지만, 때로는 그런 선생님을 차가운 시선으로 보는 부모들도 있다. 부모가 "이런 걸 왜 하세요?" 하고 물어보면 딱히 할 말도 없어 선생님도 "그러게요" 하며 맞장구를 친다. 오래 전, 처음 교사가 되었을 때는 학교 정문에 화려하고 멋진 문구로 플래카드를 걸어놓듯이 스스로 정한 교육적 원칙과 이상이 있었다. 그 원칙과 소신으로 아이들을 이렇게 가르치겠다고 결심하기도 했다. 그로부터 시간이 흘러 교사로서의 경험을 쌓은 지금은 어떤 원칙과 뚜렷한 소신으로 무엇을 하겠다,라는 생각보다 마음이 먼저 움직인다.

"지금은 아이가 내 영역, 내 우주에 들어온 거예요, 그냥."

내 우주에 들어온 아이를 위해 선생님은 어긋나는 아이를 기다려주고, 들어주는 게 전부라고 말했다. 그것이 선생님이 생각하는 기다림이다.

기다림의 교육2 눈높이 대화

선생님은 요즘 타로 점을 배워 아이들에게 타로 점을 봐주고 있다. 가장 고민이 많을 나이에 아이들은 타로 점에서 자신의 진로, 연애, 친구 문제 등을 묻는다.

연경이는 요즘 짜증이 많이 나서 고민이다. 점괘가 꽤 들어맞았는지, 이야기가 술술 나온다.

"과거를 버리긴 버리는데 어느 순간부터 다시 그걸 끄집어내는 것 같아요."

"근데 여기서 말하는 '과거를 버리라'는 게 과거는 나쁜 것이니까 떼어버린다는 그 뜻이 아니라 과거를 인정한다는 거야. '맞아. 그때 내가 힘들었어. 맞아, 그때 참 그게 싫었어' 하고. 나도 오십 넘어서야 그걸 깨달았거든."

상담료는 볼 뽀뽀다. 마치 이모와 조카처럼, 타로 점을 통해 아이는 고민을 털어놓고, 선생님은 인생 선배로서의 경험을 살려 조언을 해준다.

기다림의 교육3 권위 내려놓기

오늘 남자 기숙사 당직인 조정희 선생님은 선생님의 방식대로 아이들과 만나는 중이다. 남자 기숙사답게 쓰레기가 널려 있자 쓰레기를 치우고, 샤워실을 이용하고 나간 아이들이 남긴 폭풍 같은 잔해를 치웠다.

염좌로 고통스럽다며 한 아이가 선생님을 찾았다. 다리에 붕대를 감아주는 내내 아이는 불편하다고 투덜댄다. "발 움직이지 말고 가만히 있어"라고 말하자 아이는 선생님의 붕대 감는 솜씨가 못미더운지 '예쁘게' 감아달라고 주문했다. 약을 바르기 전에 선생님이 수건을 내밀었다. "이로 이거 물어, 아프니까 물어." 익살스러운 선생님의 장난에 안 아프다고 우기지만, 막무가내로 내미는 선생님의 손길에 결국 서로 웃음이 터졌다.

사춘기는 아이가 성장하는 지극히 자연스러운 과정이지만 반항적이고 통제가 힘들다는 부정적인 이미지가 강하다. 부모에게서 독립하고 싶다는 욕구가 강해지면서 자기 정체성을 세워가는 시기라 어른의 말에 순응하기보다는 간섭으로 생각하고 반항하는 일이 많다. 아이가 말대꾸를 하면, 아이가 왜 그러는지를 먼저 생각하기보다 아이를 꾸짖거나 잘못을 지적하기 바쁘다. 자신의 심정을 이해하지 못한 아이는 집에서는 부모와 부딪히고 학교에서는 선생님과 갈등을 일으키는 존재가 되고 만다.

우리는 신발 하나를 사더라도 인터넷을 뒤지고, 시장에도 가고, 백화점도 가며 가격과 품질을 비교하고 싸고 좋은 품질의 상품을 찾는다. 효율적인 소비를 하기 위해 시간을 투자해 정보를 얻는 것이다. 그런데 아이에 대해 고민하고 불평하면서도 아이를 객관적으로 볼 수 있는 정보는 찾으려고 하지 않는다.

한창 성장기에 있는 아이를 제대로 이해하기 위해서는 아이를 부모나 교사의 눈높이에 맞춰 이해하려고 해서는 안 된다. 부모와 교사의 이해관계에 따라 바라보면, 아이와 소통하기 위한 대화가 오히려 부작용으로 나타나 아이의 불만을 쌓는 결과가 되고 만다.

우리는 청소년기를 반항기로만 이해하지만, 그 어느 때보다 상처를 많이 받는 시기이기도 하다. 저항과 반항의 뿌리에는 자기 가치를 스스로 찾지 못해 혼란스럽고 상처받기 쉬운 마음이 숨어 있다. 마음은 여리고 예민하지만 힘을 과시해 강함을 보여주려고 한다. 그 힘을 무리하게 꺾기보다는 조금 뒤로 물러나서 홀로 설 수 있도록 해야 한다.

부모나 교사가 원하지 않는 행동을 하더라도 그런 행동을 하는 이유를 생각하고 대처해야 한다. 강제로 차단하기보다는 일회성인지, 아니면 장기적인지 분별하는 것도 중요하다. 화장을 하거나 머리 모양을 이상하게 하거나 옷을 남과 다르게 입는 건 나쁜 행동은 아니다. 다른 사람에게 피해를 주거나 모독하거나 인격을 무시하는 행동이 아니기 때문이다. 외모에 민감한 시기라고 충분히 이해할 수 있다.

흔히 학교에서 문제아라고 낙인이 찍히는 경우, 그 잘못을 전적으로 아이 탓으로 돌릴 수는 없다. 대부분의 원인은 소통이 부재에서 오기 때문이다. 교사가 규칙을 내세우며 아이들에게 일방적으로 지시하고 요구하면 아직 모르는 1학년 때에는 순응하지만 2학년만 돼도 태도가 달라진다. 반항하거나 지시를 거부하는 것이다. 서로 효율적으로 소통하기 위해 만든 게 규칙이라지만 아이 상황을 고려하지 않은 교칙은 과연 교칙을 무엇 때문에 만들었는지부터 다시 생각해봐야 한다.

선생님이 권위를 내려놓고 기다림을 강조하는 이유도 이와 비슷하다. 규칙이 아이 위에 존재하면 그것은 권위가 되고 만다는 생각이다. 교사의 권위가 실추된다고 말하는 선생님들은 학교를 위해서, 학교의 존재를 위해서 규칙은 언제 어디서든 반드시 지켜야 한다고 말을 한다. 과연 그 학교는 누구를 위해 있는 학교일까? 학생이 아니라 교사나 관리자를 위한 학교가 되지 않을까? 규칙은 최소한 학생이 기본적인 인권을 지키고 학교 내에서 학생의 상황을 이해해줄 수 있는 것이어야 한다. 그러므로 그 기다림의 시간 속에서 교사는 자신이 학생의 우위에서 누렸던 모든 것을 내려놓고 무엇을 가르쳐야 한다는 생각에서 벗어나는 것부터 시작해야 한다.

큰 들판에 아이들을 풀어두고 어떤 경계도 긋지 않으면 아이들은 자유롭게 논다. 적당한 반경에서 울타리를 쳐주면 아이들은 그 영역 안에서 놀이를 즐긴다. 만약 그 울타리가 아주 좁다면 아이들은 그 영역을 넘어서 더 넓은 공간을 찾으려고 할 것이다. 결국 아이가 자유를 느낄 정도로 충분한 공간을 주고, 그 울타리를 정하는 건 부모와 교사 몫이다. 아이들에게 너무 많이 설명을 하거나 세세한 규칙을 정하는 행동은 아이를 좁은 울타리 안에 가두는 꼴이 된다. 아이의 든든한 울타리가 되려면 최소한의 틀을 갖춘 분명한 기준만 있으면 되는데, 아이를 보호한다는 명목으로 아이의 영역을 침범하는 일이 많다. 다양하고 창의적인 아이들을 지나친 간섭과 통제로 한 색깔로 몰아가 아이의 독립된 의지를 앗아가는 건 아닌지 고민이 필요하다.

기분 좋은
'소통'을 향해

집단 상담 치료로 닫힌 마음을 열다

여주중학교에서 복교생들을 위해 연극 치료를 해보기로 했다. 연극 치료는 함께 상상하고 행동하는 과정을 통해 마음의 상처와 불편함을 덜고 회복하는 치유 프로그램이다. 참여자가 배우가 되어 시공간을 거슬러 올라가 상처가 된 장면을 복기하거나 상황을 설정해 움직임과 소리, 그림, 노래, 이야기, 연기를 하는 방법으로, 역할극의 참가자들은 극한의 상황을 통해 자신이 회피하고 숨겨 왔던 욕망과 상처를 마주하게 된다. 때로는 대상자가 관객이 되어 극 속에 투영된 자신의 모습을 통찰하고 스스로의 변화를 느끼기도 한다.

놀이와 연극을 통해서 사람 문제로 상처받고 지친 마음을 치유하고 삶에 활기를 불어넣어주는 연극 치료는 그 효과를 인정받아 최근 심리 치료로 많이 활용되고 있다.

이번에 아이들과 함께하는 연극 치료는 감정 표현이다. 바둑판처럼 일정하게 나눈 교실 바닥에 두려움, 불안, 사랑, 경이로움, 슬픔, 혐오, 활기 등 감정을 나타내는 스티커를 붙여 놓고 3초 후에 그 감정을 몸과 소리로 표현하는 놀이이다. 감정 표현과 더불어 가상 상황을 설정해 감정을 표현하는 방법도 함께했다.

감정 표현에 서툰 아이들

규환이가 표현할 감정은 '슬픔'이다. 바닥에 붙은 슬픔 스티커를 바라보던 규환이가 얼굴을 감싸쥐었다. 감정을 드러내는 건 생각보다 힘들다. 치료사가 하나 둘 셋을 외치며 시작을 알렸지만 규환이는 어, 소리만 내고 선뜻 표현하지 못했다.

"아, 잠깐만요. 왜 이렇게 힘들지?"

보기에는 별 것 아닌 것 같은데 감정을 표현하는 일은 힘들고 서툴기만 하다. 그 이유가 지금껏 아이의 감정을 받아주는 사람이 없었기 때문인지도 모른다.

이번에는 심리 치료사가 규환이에게 헤어진 여자 친구와 대면하는 상황을 주었다. 규환이가 난감한지 여자 친구 역을 맡은 치료사와 눈도 마주치지 못하고 고개를 숙인 채 피식피식 웃어댔다. 쑥스러워서 웃는 건지 웃음으로 이 난감한 상황을 무마하려는 건지 웃음의 의미를 알 수 없다. 시간이 지나도 감정 이입을 하지 못하는 규환이에게 치료사가 한마디했다.

"규환아, 난 네 여자 친구이고, 네 엄마야. 네가 제일 짜증나고 재수 없다는 사람이라고 생각해. 알겠어? 그런 여자와 눈도 못 마주칠 거야?"

대화를 이어가던 규환이가 힘에 부친지 "선생님, 이제 그만하죠"하고 중단 선언을 했다. "좋아, 잘했어." 주머니에 손을 넣고 옆으로 얼굴을 돌린 규환이에게 심리 치료사는 지금 대화에서 나타난 감정은 '혐오'라고 일러준다.

희로애락을 나타내는 감정은 셀 수 없이 많지만, 여기 있는 아이들은 대부분 부정적인 감정을 모두 '화'로 표현한다. 강도가 낮은 화는 짜증, 강도가 높으면 분노, 이처럼 화는 그 강도에 따라 여러 감정으로 나타나지만 솔직하게 감정을 표현해본 적이 없는 아이들은 그저 단순한 감정을 나타내는 데도 어려움을 느낀다.

이영선 심리 치료사는 이를 지금까지 '안개' 속에 살았기 때문이라고 했다. 감정이 있지만 자신의 감정을 자신이 보지 못한 상태인 안개라고 표현했다. 내가 지금 슬픈지, 기쁜지를 보지 않고 산다. 그래서 대부분의 감정을 분노로 표출한다. 엄마 아빠에게 화내는데 그게 정말 미운 건지, 아니면 그냥 속상해서 분노하는 건지를 모른다. 감정 표혀은 스스로 자신을 분석하는 시간. 회피하고 부딪히고 싶지 않은 마음이지만, 회피하지 않고 서투르게나마 감정을 표현한 아이들은 이렇게 한 걸음 진전한다.

지금은 선생님과 눈도 맞추지 못하고 감정에도 서툰 아이들이지만, 연극 치료를 통해 힐링을 한 아이들은 눈빛부터 변하고 표정이 풍부해졌다.

심리 치료를 하는 비고츠키아동청소년 상담센터 소장 백종화 선생님
은 다른 방법으로 아이들과의 대화에 나섰다. 8주 동안 여기 있는 아이
들과 서로에 대해 관심도 갖고 잘 알게 되길 바라는 마음이다.

서서히 속마음을 드러내는 아이들

백종화 선생님은 아이들에게 정말 간절하게 보고 싶은 것 하나를 말
하라고 했다. 시큰둥하게 없다고 하던 아이들은 한 아이가 털어놓자
이어서 속 이야기를 털어놓기 시작했다. 아이들이 말한 '정말 간절하
게 보고 싶은 것 한 가지'는 무엇일까?

"저는 우주를 보고 싶어요. 보면 마음이 탁 트일 것 같아요."
(사회 봉사를 나갔던 민수) "엄마요. 그러니까 딴 데 계시거든요. (마지
막으로 본 게 몇 살 때야?) 기억 안 나요. 한 살 때나 백 일 때였을 걸
요? (엄마 보고 싶어서 운 적 없어?) 많죠. 근데 요즘 안 울어요."
"친구들이 멋있게 제 앞에 나타나서 같이 밥 먹고 술 한 잔 하는 거
요. 술 한 잔 하고 멋있는 모습으로 제 앞에 나타나면 엄청 멋있을
것 같아요."
"몇 년마다 한 번씩 가는데요. 바다요. 그냥 기분이 상쾌해지고 시원
해져요. 답답한 거 풀 수 있으니까 기분이 좋아요."

사회봉사를 나갔던 민수도, 평소 말이 없던 진용이도 의외로 제법 긴
이야기를 했다. 한번 터지기 시작한 말은 감춰두었던 속마음까지도 허

물없이 드러낸다. 말의 본성이 원래 그렇다. 하고 싶은 말이 있는데 그걸 못했다면 안에 쌓아둔 말이 얼마나 많겠는가. 그러한 상태가 오래되면 내가 하고 싶은 말이 무엇이었는지도 모를 때가 있다. 백종화 선생님은 너무 참지 말고 하고 싶은 말이 있으면 말해보는 게 좋다고 한다. 걱정이 많고 스트레스가 쌓이면 바다를 본다든지, 산을 올라가든지 하면 좀 풀리기도 하지만, 누군가 말할 상대를 만나 속을 털어놓는 것만큼 좋은 것은 없다. 말할 수 있는 친구들과 선생님, 부모가 있으면 지금의 걱정과 방황도 툭툭 덜어낼 수 있을 것이다.

선생님의 말을 건성으로 듣는 듯하지만 행동과는 반대로 아이들의 표정이 밝아졌다. 웬일인지 고분고분, 평소 안 하던 뒷정리까지 하고 깍듯하게 인사하고 나간다.

이런 작은 변화들은 아이들을 이해하는 관점 차이에서 시작된다.

"우리가 색안경을 끼고 보잖아요. 말썽을 피우고 선생님이나 어른 말을 듣지도 않는 녀석들이라고 하지만 그건 겉으로는 그렇게 표현할 뿐이지 속은 그렇지 않아요. 그렇게 보이는 이유는 지금까지 부정적인 피드백을 받은 상태로 부정적인 의사소통이 고착되었기 때문이에요. 긍정적인 부분을 알지 못하는 거죠. 속은 그렇지 않은데 겉으로는 그렇게 표현할 수밖에 없는 어려운 상황에 처해 있는 아이들이에요."

– 백종화 소장

개별 상담을 해도 쉽게 변하지 않는 아이들이 있다. 적대적 반항성 장애가 있는 아이들이다. 뭐든지 삐딱하게 보고, 거부하고, 상대방 기분을 나쁘게 하는 법을 귀신같이 알아서 한다. 상대방을 건드리고 화나게 하고, 그리고 왜 화를 내느냐며 오히려 화를 낸다. 그런 아이들은 더 이상 나쁜 행동의 진도가 안 나게끔 하는 것이 가장 중요하다. 나쁜 행동들을 하지 못하게 하는 것도 중요하지만, 여기서 더 진도가 나가면 품행 장애로 가버린다. 범법 행위를 하게 되는 것이다. 그와 더불어 아이들의 문제 행동이 언제부터 시작되었는지를 바라보는 관점이 필요하다. 문제가 초등학교 때부터 시작된 아이들은 일찍 시작된 만큼 고치기 어렵다. 지금 중학생인 아이가 중학교 때부터 문제 행동을 보였다면 오히려 변화할 가능성이 크다. 그러므로 문제가 발생된 시점을 체크하는 게 좋다.

백종화 선생님이 학교 또는 집에서 아이들의 행동을 관찰하고 대처하는 방법으로 제시한 건 아이의 문제 행동의 심각성을 상중하로 나누어 변화 가능성을 예측하는 것이다. 문제 행동이 아주 심각한 아이는 상으로 잡되 교사나 부모의 목표는 최소화해야 한다는 것. 목표치를 높게 잡으면 아이나 어른이나 둘 다 힘들기 때문이다.

학교에서는 교실 전체 인원 중 10퍼센트의 학생들이 중요하다. 10퍼센트가 부정적이면 수업이 원활하게 돌아가지 않는다. 그렇기 때문에 긍정적인 10퍼센트를 만드는 게 중요하다. 어중간하게 걸쳐 있는 아이들을 긍정적인 쪽으로 빨리 끌고오는 것도 한 방법이다.

또한 아이들의 생각과 느낌, 욕구를 먼저 봐주는 게 중요하다. 아이와 시간을 많이 보내는 것도 중요하지만 무엇을 보고 뭘 느꼈는지를 물어보는 게 더 중요하다. 등산을 같이 하며 산에서 뭘 봤는지, 뭘 느꼈는지를 물으면 한 번에 답하는 아이들은 없다. 보통 처음에는 모른다고 말하거나 산밖에 안 보인다고 건성으로 말한다. 그때는 "너 산을 봤구나"라고 아이의 말을 인정한 다음 "이런 비슷한 느낌을 경험한 적이 있니?"하고 조금씩 진도를 나가는 게 좋다. 처음에는 대답을 거부하거나 네, 아니오로 단편적으로 말하던 아이가 "친구랑 간 적이 있어요" 하면서 대답에 살을 붙이기 시작한다.

집에서 대화를 시작할 때는 아이를 잘 모른다는 전제하에서 출발해야 한다. 그러면 아이를 알기 위해 정보를 공유한다고 생각하게 된다. 아빠들은 보통 아이에게 선물을 줄 때 "이거 최고급이야. 이거 좋은 거야"라고 말한다. 그만큼 노력하고 신경 썼다는 걸 알리고 싶은 마음에서 한 말이지만, 아이는 기대와 어긋나게 "그래서요?" 하고 냉담한 반응을 보일 때가 많다. 소통이 어려운 대화로 시작한 탓이다. 내가 이 선물을 사기 위해서 어떤 준비를 했고, 언제 네가 이걸 갖고 싶어했는지를 설명해주고 기분이 어떤지를 물으면 대화하기도 편하다. 비싸서 좋은 선물이 아니라 아이의 마음과 욕구를 이해하게 된 선물이 좋은 선물로서의 가치가 더 있다

학교는 학생과 교사, 부모의 협의의 공동체이다. 학교가 아무리 잘하려고 해도 가정의 기능이 제대로 작동하지 않으면 아이들은 변하려고 하지 않고, 자리를 잡지 못한다. 흔히 밥상머리 교육이라고 하는데 그만큼 가정에서의 역할은 중요하다. 어주중학교 선도위원회에 오는 학생들은 대개 부모의 이혼, 사별, 결손 등 가정 해체에 있는 아이들이 많다. 가정에서 해야 할 역할이 제대로 이루어지지 않으면서 학교에서도 어려움을 겪는 것이다.

사부자 캠프와 선도위원회의 변화

여주중학교는 지난해부터 교사와 학생, 부모와 아이의 소통을 위한 사부자 캠프를 열고 있다. 교사와 학생, 아버지와 아들이 아름다운 소통을 위해 참여하는, 서로 격려해주고 도움을 주는 자리다. 올해도 어김없이 시작된 행사에 학교 선생님들이 불판에서 고기를 먹음직스럽게 굽고, 한상을 차리느라 분주하다. 교사, 부모, 학생의 자리도 따로 없다. 서로 뒤섞여 밥을 먹은 뒤 꼬리잡기 등 친목을 다지는 게임이 이어졌다.

아이들도 선생님도 이렇게 환하게 웃기는 오랜만이다. 해가 지자 마음을 가다듬고 어른과 아이들이 백팔 배를 올리는 시간을 가졌다. 방학을 앞두고 한 학기를 돌아보는 시간, 정갈한 마음으로 단아하게 두 손을 앞으로 쭉 뻗고 두 다리를 곱게 접은 채 머리를 숙인다. 아이들이 난생 처음 수행자의 절을 한다. 이마에 땀이 송글송글 맺히고, 백팔 배에 가까워올수록 땀도 더 늘어난다. 땀 흘리며 씻고 싶은 것이 많다. 존경하기 힘든 마음, 받아주지 못한 마음 앞에서 서로 무릎을 꿇는다.

이처럼 소통의 장으로 마련한 캠프에 오면 학교에서는 느끼지 못한 감정들이 새록새록 생긴다. 교실 밖에서 본 아이들은 밝고 티 없는 순수한 모습이다. 아이들이 그저 예쁘다.

황진동 선생님은 "저렇게 밝고 티 없이 순수한 모습을 가지고 있는데 왜 우리는 학교에서 그런 모습으로 바라봤을까?"를 생각하게 되었다고 했다. 그리고 학교에서는 왜 지금과 다르게 삐딱한 모습으로 나타나는지 애들을 좀 더 이해하고 안아주고 싶다고 했다. 사춘기의 아이들은 날마다 사고를 친다. 그럴 때마다 선생님도 한없이 작아진다. 벌을 주고

· · ·

아이들과 선생님이 마음을 여는 시간.
다 같이 숨겨둔 마음을 털어놓는다.

혼을 내도 그때뿐이다. 대드는 아이들 앞에서 막막했던 적도 있지만 아이들 본연의 모습을 마주하면 이해할 수 있을 것 같은 생각도 든다.

계곡에 풀어놓은 다른 팀의 아이들은 물 만난 물고기처럼 신났다. 밥을 먹고 영민이가 설거지를 자처했다. 일 솜씨가 예사롭지 않다. 영민이는 집에서 매일 설거지를 한다. 아침에 어른이 아무도 없어서 동생과 함께 번갈아가며 설거지를 한다고 했다. 그런 사실을 홍석대 선생님은 오늘 처음 알았다. 캠프를 떠나지 않았으면 몰랐을 아이들의 민낯이다. 그러고보니 아이들에 대해서 참 아는 게 없다.

석고 손 뜨기

석고 손 뜨기 시간이다. 한 손은 옆 사람의 손에 석고를 붙이고, 다른 한 손은 옆 사람에게 맡긴다. 손에 석고 붕대를 감고 석고를 바르면서 자연스럽게 대화가 오간다.

"너 참 잘한다", "뭘 잘해요" 제자의 퉁명스러운 대답에 선생님이 웃으며 "너 칭찬에 익숙하지 않구나"하고 받아친다. 이참에 선생님에게 궁금했던 점을 묻는 아이도 있다.

"선생님, 선생님은 선도위원회할 때 어떤 기분이 드세요? 학생 지도할 때 어떤 마음이세요?

"우리가 선도위원회를 할 때에는 참 속상한 마음이지. 왜 우리 학교에 이런 일이 벌어졌어야 하는가. 안타까운 마음이 더 많은 거지. 학교라는 게 재판하는 곳이 아니잖아. 학생이 유죄다, 무죄다 하고 판단하는 판사의 입장은 아니야. 그런데 너희들이 봤을 때에는 또 다를 거야."

선생님이 그런 마음이라고는 생각도 못했다. 밀폐된 공간에서 어떤 처벌을 받을까 두렵기만 해서 선생님이 나를 걱정해주시는구나, 라고 생각해본 적은 없었다. 생각해보지 못한 고백이다.

두렵다고 한다. 보호자라고 자처하는 선생님을 두고 아이들은 두렵다고 했다. 또 다른 곳에서 선생님도 다른 아이들과 마주앉았다. 함께 밥 해먹고 한지붕 아래 자고 일어나니 많이 친해진 기분이다. 차를 타고 가면서 선생님도, 아이들의 표정도 풀어졌다.

"민수, 인간 됐네", "선생님이 제 걱정을 많이 해주시니까요" 덕담이 오가는가 싶더니 곧 "저는 선생님이 담임될 거라고 예상도 못했어요" 하는 반격이 이어진다. "하하, 그래. 나도 교실에 처음 들어갔을 때 너 있는 거 보고 얼마나 놀랐는데", "저는 기절할 뻔했어요, 선생님", "그래도 한학기 잘 지냈잖아. 별 사고 없이. 올해 졸업 못하면 어떻게 하나 걱정했었는데" 아웅다웅 헤쳐온 시간, 어느새 미운정, 고운정이 들었다.

캠프가 끝나고, 2학기에 접어들면서 여주중학교에는 작은 변화가 있었다. 교장실에서 열렸던 선도위원회는 분위기를 바꿔 '시청각실'이 되었다. 두려운 기분으로 선도위원회에 오는 아이들의 기분을 위로하고 편안하게 대화하기 위해 사탕과 과자도 준비했다.

선도위원회에서 각종 처분을 받은 아이들은 대부분 '잘못했다'는 말과 함께 죄의 경중에 따라 처벌 수위가 달라진다. 죄질이 가벼우면 훈방 조치로 끝나기도 하고, 그보다 무겁다고 판단되면 각종 사회봉사를 하게 된다. 사회봉사를 하면서 스스로의 잘못을 돌아보고 깨닫는 성찰의 의미가 있지만, 정작 아이들은 그 시간을 지루해한다.

선도위원회는 아이들을 올바른 길로 이끄는 것이지, 징계하는 곳이 아니다. 이것이 선도위원회가 존재하는 이유다. 좋은 의도로 사회봉사 대체 프로그램을 제공했지만, 본 목적이 전달되지 않으면 문제일 수밖에 없다. 그래서 여주중학교에서는 사회봉사 시간을 줄이는 대신 아이들과 선생님이 자전거 여행을 떠나거나 등산을 하기로 했다. 지금의 아이들은 어른들의 관심과 사랑이 가장 필요한 시기다. 특히 선도위원회에 자주 불려오는 아이들은 자기 친구들한테도 인정받지 못하고, 어른들에게도 외면당하고, 주변에서도 겉도는 아이들이다. 하루 여행으로 아이들의 급격한 변화를 바라기는 어렵지만, 그래도 점차 이런 시도들을 하다보면, 아이들도 서서히 변하지 않을까 기대한다. 앞으로도 산행, 연극 치료, 도보 순례 등 많은 방법들을 연구해 아이와 학교가 함께 걷는 길을 마련하려고 한다.

선도위원회가 달라지자 아이들의 태도도 미묘하게 달라졌다. 교장실에서 압박감을 느끼고 제대로 말도 못했던 아이들은 편하게 자신의 상황을 설명하고 선생님들의 말에 귀를 기울인다.

아이의 잘못을 먼저 말하던 선생님들은 학생 의견을 들어보기 위해 "그래, 먼저 얘기해봐"라고 권하고, 날이 서 있던 선생님들도 되도록 아이 입장에서 들어보고 설명을 하려고 한다.

연속 10일 넘게 지각해서 요양시설에서 30시간 사회봉사 처분을 받았던 연수는 사회봉사 시간을 다 이수하지 못해 불려왔다. 너무 무거운 처분이었다는 항의와 놀러가는 날이 많아 못 채웠다는 변명을 하자 교장 선생님이 "너가 잘되었으면 해서 그러는 거야. 바라는 건 그것 하나야”라고 말한다. 연수는 친절해진 선생님이 어리둥절한 모양이다.

벌점이 누적되면 사회봉사 처분을 일괄적으로 내리는 대신 대체 프로그램을 마련한 것도 선도위원회의 변화 중 하나다. 교사와의 등산이나 상담 등에 참여해 서로를 잘 알아가자는 취지를 설명하자, 아이들의 반응도 나쁘지 않다.

어떤 생각을 하는지 모를 정도로 자기 생각을 감추던 아이들이 입을 열고 선생님의 말씀에 수긍하는 모습을 보이자 선생님이 느끼는 놀라움도 크다. 가식 없이 있는 그대로를 이야기하는 아이들의 마음이 느껴진다. 처벌만 남았던 선도위원회가 또 다른 대화의 장이 되었다.

며칠 뒤, 선도위원회에 회부된 아이들과 선생님이 다시 만났다. 벌칙 대신 산에 가기로 했다. 보조를 맞춰 걷는 아이들과 선생님은 앞서거니 뒤서거니 하며 늘 하던 지각 이야기부터 진학 문제까지 숨을 고르면서 서로의 생각을 주고받았다.

한마디도 지지 않는 진영이와 산행을 힘들어하는 선생님이 티격태격하며 산행을 한다. 어쩌다보니 함께 걷게 된 길, 선생님은 말썽꾸러기 제자의 사춘기를 같이 넘는 중이다.

다 같이 하는 고백, 그 속에 움트는 희망

이제 ‘학교란 무엇인가?’란 질문을 밖으로 돌리지 말고 안으로 돌려보자. 당사자인 학교에 묻는다면 어떤 답이 나올까?

홍석대 선생님은 ‘학교란 무엇인가’에 대한 답은 학생들이 학교에 오는 목적이 무엇인가에서 구할 수 있다고 생각한다. 가게에는 물건을 사려는 목적으로 가게에 가고, 돈을 찾으려는 목적으로 은행에 가고, 아픈 몸을 치료하기 위해 병원을 찾는다. 어디를 간다는 건 이처럼 다 목적이 있다. 그렇다면 학생들이 학교에 오는 목적은 무엇인가? 교사 생활을 시작하면서부터 계속 던지는 질문이고 나름대로 대답을 구해보지만, 명쾌하게 정의하기는 어렵다. 다만 끊임없이 질문은 계속된다. 학교는 학생들을 위한 곳이고, 학생들은 학교에 오면 지식을 배우고 인성적으로도 성장을 해 사회로 나가는 게 목적이라는 건 분명하다. 하지만 전교생 중에 배움을 얻기 위해 학교에 오는 학생들이 몇 퍼센트나 될까. 학교는 아이들에게 배움을 주는 역할을 제대로 하고 있는지, 학생들이 원하는 프로그램을 제공하고 있는지, 배울 의욕이 없는 학생들을 교사는 어떻게 도울 수 있을지를 계속 고민한다.

이창섭 선생님은 학교는 '아이들을 기다리는 장소'라고 생각한다. 아이들을 기다려줘야 하고, 아이들이 더 나아질 때까지 계속 지도해야 하는 곳 말이다. 더 중요한 건 아이들에게 믿음을 줘야 하는 곳이지만 그러기 위해서는 먼저 화내거나 일방적인 요구를 하지 않았는지 자신을 돌아본다고 한다. 지금까지 아이들에게 너무 많은 강요를 하지 않았나 한 번씩 더 생각하게 된다는 것이다.

황진동 선생님에게 학교는 '자라는 아이들에게 꿈을 주는 곳'이다. 그 꿈이 실현될 수 없다 하더라도 끊임없이 서로 노력하고 만들어가는 곳이 학교라고 생각한다. 선생님은 교사라는 직업이 현재까지도 행복하고, 아이들과 함께 있다는 것이 인생 중에서 가장 큰 자랑이라고 생각한다.

　조정희 선생님은 실제로 학교는 다 아픈데, 그러지 않은 척 한다고 말한다. 그 아픔을 드러내지 않고 쉬쉬하는 데 급급하다는 것이다. 명문대 입학생 배출 등 좋은 쪽만 홍보해 학교의 자랑으로 삼지만, 그것이 진정으로 학교를 위한 길은 아니라고 말한다. 아픈 것까지 다 같이 드러내고 아파하고, 공분하고, 쓰다듬어주고, 같이 해결해나가는 것이 필요하다는 것이다.

　박경화 선생님은 부서지는 아이들에게 초점을 맞추자고 주문했다. 대구에서는 열 명이 넘는 아이가 자살을 했는데 지금 묻고 따지고 할 시간이 없다고 했다. 세상에 한 나라에서 이렇게 많은 아이들이 자살하는데 규칙을 만들고 할 시간이 어디 있겠느냐는 것이다. 저 높은 곳에서 떨어지려고 아이가 올라가 있는데, 이것저것 따지기 전에 빨리 보듬어 안아서 아이들을 살리는 것부터 시작해야 되지 않겠느냐고 말이다.

　이에 덧붙여 학교는 말한다. 학교는 힘들다고 고백하는데, 이를 시작으로 학부모들도 고백을 하고, 아이를 힘들게 만드는 사회도 고백해야 한다고 말이다. 학교만 바뀐다고 아이들이 바뀌는 건 아니라는 걸 사람들은 안다. 고해성사 하듯이 다 같이 "우리가 이렇게 잘못해서 애들이 이렇게 상처받았고 그럼 우리 이제부터 다시 시작해보자"고 말해야 된다고, 그렇게 학교는 변해갈 수 있다고 말이다.

· · ·

아이들은 차마 말하지 못했던 응어리진 이야기를 꺼내놓았다.
아이들은 자신들의 이야기를 편견 없이, 평가하지 않고
그냥 들어주기를 바랐다. 어느 곳에도 하지 못한
아이들의 솔직한 고백을 마주하기 위해서는 준비가 필요하다.
그저 들어주고 공감하고 긍정하기만 하면 된다.

PART 2

아이들의 진짜 속마음,
말해줘서 고마워

지금 고민이 무어냐고
물으신다면

통계로 알아보는 청소년의 고민

사춘기를 바라보는 부모와 자녀의 시각은 매우 다르다. 부모는 말 잘 듣던 아이가 무조건 반항부터 하는 나이라고 하고, 그 시기의 청소년은 부모가 자기 마음을 몰라준다고 말한다. 부모는 각종 사교육비에 대한 부담을 안으면서도 성적을 올리기 위해 열성적으로 뛰어다니지만, 그런 부모 마음을 아는지 모르는지 아이는 공부는 뒷전인 채 또래와 어울리려고만 하고 여드름 때문에 학교 가기 싫다고 철없는 고집을 부린다.

이르면 초등학교 고학년 때부터 시작되지만, 대략 중학교부터 고등학교까지 부모가 가장 다루기 힘든 나이가 사춘기다. 자기 정체성을 찾아가고, 신체적 2차성징이 일어나고, 부모로부터 독립을 꿈꾸면서도 보호받기를 바라는 불안한 사춘기를 나타내는 특징은 많다. 사춘기 과정을 겪고 있거나 앞으로 겪을 아이가 어떤 고민을 하고 있고 무슨 생각을 하고 있을까?

청소년을 대상으로 실시한 각종 통계 수치를 살펴보면 대략적이나마 요즘 청소년들의 생각과 가치관을 알 수 있다. 조사 매체에 따라 결과는 조금씩 다르지만 표준 오차를 감안하고, 표준화된 자료 수치들을 뽑아봤다. 그중에서 통계청에서 해마다 내는 '청소년 통계'를 보면 학생들의 고민과 생각의 변화들을 가늠해볼 수 있다.

통계 자료에 의하면, 청소년의 가장 큰 고민은 공부다. 스트레스의 주원인으로 58.3퍼센트가 공부를 꼽았고 뒤를 이어 부모님과의 갈등(15.5퍼센트), 외모(10.4퍼센트), 교우 관계(7.5퍼센트) 등의 순으로 나타났다.

10년 전과 비교하면 조금씩 순위 변동은 있지만 스트레스 요인 1위가 공부임은 예나 지금이나 똑같다. 스트레스 해소 방법으로는 남학생은 과반수가 게임, 여학생은 주로 음악 감상을 들었다.

갈수록 취업 고민이 늘고 있다는 점은 최근의 특징이다. 대다수(97퍼센트)가 4년제 이상 대학에 진학하고 싶다고 기대했는데, 가장 큰 이유로 과반 정도가 직업을 갖기 위해서라고 대답했다. 10년 새 4배 가까이 늘어난 수치다. 취업 재수생이라는 신조어가 생길 정도로 취업난이 심해지면서 학교 졸업 뒤의 진로 고민이 많아진 것이다. 직업을 선택할 때 가장 고려하는 요인은 1위가 적성·흥미, 2위가 수입이었다.

고민을 상담하는 대상은 친구가 46.6퍼센트로 가장 많았다. 부모에게 고민을 털어놓는다는 비율은 21.7퍼센트였다. 대부분이 어머니와의 상담이었고 아버지에게 고민을 털어놓는다는 응답 비율은 3.2퍼센트에 불과했다.

학교 생활과 교육 내용, 교사와의 관계에 만족한다는 비중은 2000년에 비해 늘어났지만, 관계 고민으로 스트레스를 받는 청소년은 10명 중 6명꼴이었다.

중·고등학생의 평균 수면 시간은 6.2시간으로 청소년 권고 수면 시간보다 2시간 부족하다. 10대 청소년은 일주일에 평균 14.1시간 인터넷을 이용하고, 고교생과 대학생 10명 중 9명은 블로그와 미니홈피 등을 갖고 있는 것으로 조사됐다. 10년 전에 비해 중학생의 주당 평균 사교육 시간이 남학생은 71분에서 107분으로 늘었고, 여학생은 48분에서 101분으로 배 이상 뛰었다

서울시의 교육 분야 통계 자료는 더 구체적이다. 서울의 경우 초·중·고 학생의 10명 중 7명은 사교육을 받는다. 월 평균 사교육비는 42만 5천 원. 특히 상급 학교로 갈수록 사교육 비율은 낮아지지만 외려 금액은 높아져서 고등학생의 경우 월 평균 60만 3천 원을 투자했다.

전교조의 조사에 의하면, 학생들의 절반 정도가 부모와의 대화 시간이 하루 30분도 되지 않는다고 한다. 부모와 거의 대화를 하지 않는다는 대답도 많다. 그나마 대화를 해도 그 주제는 공부·성적이고 이어 진로, 취미 순으로 답했다.

최근 사회적 문제가 되고 있는 청소년 자살 현상을 들여다보면, 2011년 한 해 동안 자살한 청소년 수는 373명으로 전체 청소년 사망 원인의 1위로 꼽혔다. 지난 1년 동안 한 번이라도 자살을 생각해본 청소년은 10명 중 1명꼴이었다. 초등학생의 경우 10명 중 1명꼴로 따돌림을 당한 경험이 있고 중·고등학생은 20명에 1명꼴이었다.

일곱 학교 학생들이 털어놓은 누구도 들어본 적 없는 이야기

학교는 아이들에게 삶을 살아가는 지식과 지혜를 가르쳐주는 곳이자 선생님과 친구의 관계 속에 성장할 수 있는 발판을 마련해주는 곳이다. 그러나 각종 통계에 나타난 학생들은 수면 시간이 부족한 채 밤늦게까지 사교육을 받고 공부 스트레스에 쫓기며 부모와의 대화도 끊긴 모습이다. 이런 아이들에게 하루 중 대부분의 시간을 보내고 있는 학교는 어떤 의미로 다가올까? 그리고 학교에서 아이들은 어떤 생각을 하고, 무엇을 꿈꿀까?

제작진은 '요즘' 아이들에게 말을 걸어보기로 했다. 제작진이 만난 아이들은 서울 세화여고, 독산고, 민족사관고, 부천실업고, 전주 우석고, 대구 덕원고, 창원 태봉고 등 전국 일곱 고등학교 100여 명의 학생들이다. 서울에서 전주, 대구, 창원까지, 특목고, 일반고, 대안학교 등 각자 조금씩 다른 환경과 고민을 안고 있는 열일곱, 열여덟, 열아홉 살의 아이들이 자신이 경험한 생생한 학교 이야기를 풀어놓기 시작했다.

성적, 외모, 성, 자살과 왕따, 선생님, 부모 등 아이들과 함께 얘기할 수 있는 주제들을 가지고 학교로 갔다. 뇌구조 그리기, OX 퀴즈, 하루 생활표 등 다양한 화법으로 아이들의 학교 생활과 생각을 들어보았다.

아이들은 그동안 차마 말하지 못했던 응어리진 이야기를 꺼내놓았다. 그리고 아이들은 자신들의 이야기를 편견 없이, 평가하지 않고 그냥 들어주기를 바랐다. 어느 곳에도 하지 못한 아이들의 솔직한 고백을 마주하기 위해서는 준비가 필요하다. 어렵지는 않다. 그저 '들어주고 이해하기, 공감하고 긍정하기'만 하면 된다.

공부, 공부,
그 죽일 놈의 압박감

진짜 공부란 무엇일까?

하버드대에서 '최고 교사상'을 수상한 마이클 푸엣 교수가 우리나라에 내한해 수험생들과 부모들을 대상으로 강의한 적이 있다. '공부란 무엇인가'를 말하는 그의 강의에서는 대학 입시 중심과 국영수 위주의 과목별 학습으로 특징화된 우리나라 공부에서 벗어나 더 거시적이고 미래 지향적인 공부를 이야기한다.

그는 미래 세계는 이제까지와는 전혀 다른 새로운 도전이 주어질 것이라고 말한다. 단순히 좋은 성적을 받으려 공부하지 말고 미래에 자신과 세계에 닥칠 문제를 해결할 능력을 준비해야 한다는 것이다. 그리고 우리가 해야 할 공부는 예상치 못한 문제를 만나도 원인을 찾고 다른 사람과 함께 문제를 해결하는 리더로 기르기 위한 장치라고 덧붙인다. 학교는 '더 큰 생각'을 하도록 도와야 한다는 것이다. 그의 수업은 강의실 밖에서 다양한 경험을 하도록 학생을 독려하는 것으로 이루어진다고 한다.

공부에 흥미가 없다는 학생의 말에 그는 배우는 과정의 즐거움을 강조했다. 국영수 등의 과목 공부로만 생각하면 지겹고 지루하기만 하지만 '우리가 사는 세계와 자신을 탐구하는 과정'이라고 여긴다면 공부에 더욱 흥미를 느낄 수 있을 것이라고 답했다.

더 나은 자신과 미래를 위해 공부하라는 마이클 푸엣 교수의 말은 이 시대의 대한민국을 살아가는 대다수의 학부모의 말과 다를 바 없어 보이지만, 그 목적지에 이르는 과정은 너무나도 판이하게 다르다.

우리나라에서 배움의 즐거움을 느끼며 공부하는 아이들은 그리 많지 않다. 특히 대학 입시를 치러야 하는 고등학생들에게 공부는 배움의 즐거움과는 거리가 멀다. 배움의 정점에 있는 고3 학생들은 '공부'를 어떻게 생각할까? '아이들은 공부는 해야 한다'는 당위보다도 마음이 먼저 반응한다고 말했다.

악― 공부!

공부만 열심히 하면 될까

혜린 : (공부 하면) 압박, 압박감. 갑자기 압박감이 몰려오기 시작해요.

혜진 : 1학년 때는 지금보다 분위기가 더 긴장되어 있었어요. 공부 잘

• • •

"공부, 공부, 공부
우리에게 공부가 무슨 의미인지 아세요?"

하는 애들이 모인 학교라 그런지 처음 본 수시고사 점수가 잘 안 나온 거예요. 수시고사는 중간고사보다 비중이 적은 시험인데. 성적표 받은 날, 애들이 다 스트레스 받았죠. 그날 8교시 자습 시간이었어요. 선생님이 우리 반에 들어오셔서 아이들을 쭉 둘러보다가 갑자기 "애들아 힘들지?" 하는데 맨 뒤에 있는 아이들부터 울기 시작해 애들이 다 울었어요. 이게 뭐라고, 공부 좀 못하는 게 뭐가 잘못이라고 이러고 살아야 하나 생각하니까 슬프잖아요. 저도 눈물이 나서 울었어요.

지은 : 어른들한테 궁금한데요. 학생 때 공부만 하는 게 옳다고 생각하세요?

혜진 : 공부가 다가 아니잖아요. 그런데 다들 무조건 공부가 다인 것처럼 말씀하세요. 그게 스트레스이기도 하고, 우리 길을 마음대로 공부라고 정해주는 것 같아요. "딴 데 보지 말고 여기로 가. 그럼 성공할 수 있어" 하는데, 그렇게 해도 성공 못하는 사람들 많잖아요. 취업률도 안 좋고요. 꼭 '공부만 열심히 하면 될까'라는 생각이 들어요.

부모와 선생님의 말이 아니더라도, 아이들은 가장 큰 관심사가 뭐냐고 묻는 말에 주저 없이 '공부!'라고 답한다. 주변에서 말하지 않아도 공부가 중요하다는 걸 아이들은 안다. 전교 1등도, 전교 꼴찌도, 공부를 포기했다는 학생도, 고3이 된 학생도 어른이 공부 이야기를 하지 않아도 공부 고민은 어쩔 수 없이 하게 된다.

실제 청소년 상담센터를 운영하는 곳이나 인터넷에 올라오는 학생의 고민을 보면 '공부가 싫다', '공부를 어떻게 해야 하느냐'는 질문이 아주 많다. 10대 청소년의 가장 큰 관심사이자 고민이고, 갈수록 공부 고민을 하는 나이도 점점 낮아지는 추세다.

공부하기 싫어하는 원인은 비슷하다. 어느 학생이건 처음부터 공부를 포기하지는 않는다. 대개 처음에는 공부를 잘하고 싶어 한다. 그러다가 공부를 포기하는 이유는 감당하기 버거울 만큼 양이 지나치게 많거나, 자기 수준보다 지나치게 어렵거나, 공부할 이유를 모르거나, 공부해도 결과가 좋지 않아 의욕이 꺾인 경우다.

수능 시험을 앞둔 고3 학생들의 압박감을 모르는지 엄마나 담임 선생님은 한마디를 한다. 고3 여름방학이 끝나면 "너희 이제 고 3이라고, 방학 지나서 왔는데 얼굴이 더 뽀샤시해졌구나"라고 하고 "공부 열심히 해라", "목표한 대학에는 꼭 들어가라"는 말을 정기 행사처럼 한다. 선생님이 학생들의 미래를 걱정해 하는 말씀이라는 걸 아이들도 알지만, 공부해야 한다는 걸 충분히 인지하고 있는 시기에 굳이 말로 또 꺼내야 하는 건지 원망스럽기만 하다. 그런 말들이 아이들한테는 엄청난 '압박감'으로 몰려오기 시작한다.

고3이 고2에게

고3이 되면 하기 싫어도 어쩔 수 없이 해야 하는 게 공부다. 고2 때까지 여유 부렸더라도 고3이 되면 최소한 다른 때보다 더 열심히 공부할 거라고, 본격적인 카운트다운에 들어가면 얼마 남지 않은 기간 동안 정신 차릴 거라고 생각한다. 하지만 고3이 된 학생들의 이야기는 우리가 아는 것과는 좀 다르다.

고2는 모르는 고3의 세계

민경 : 고3 되기 전에 고2가 끝인 것 같아요. 고3 되면 어차피 공부만 해야 되니까. 지금부터 준비하면 된다고 하지만 3개월 있으면 벌써 고3이잖아요. 고3이 뭐길래! 진짜 고3이 되면 어떨지 우리는 아직 몰라요. 그런데 벌써부터 그런 얘기 들으니까 고3 되면 죽은듯이 살아야 하는구나 그런 생각밖에 안 들어요. (잠시 말문을 닫은 아이들이 하나둘, 울기 시작했다.)

제작진 : 고2 중에는 이제 곧 고3이 되는데 뭘 해야 될지 모르겠다는 친구들이 있어. 그런 아이들에게 고3 선배로서 해줄 말 있을까?

신혁 : 며칠은 공부 생각을 안 하더라도 자기가 하고 싶은 게 뭔지, 곰곰이 생각을 해보는 게 더 효과적이라고 생각해요. 정말 그게 중요한 것 같아요.

제작진 : 자신의 목표를?

수빈 : (고개를 끄덕이며) 제일 중요해요. 목표가 없으면 뒤로 갈수록 붙잡을 수 있는 길이 없어져요. 도와주시는 선생님이 있고 부모님이 있다고 한들 공부는 나 혼자 하는 싸움이잖아요. 그런데 공부를 해야 하는 이유가 없으면 점점 붙잡을 수 있는 게 없어지니까 계속 나락으로 떨어지기만 해요.

인터뷰 도중 아이들은 서럽게 눈물을 흘렸다. 한 명이 울면, 참지 못하고 옆 학생이 따라 울었다. 마치 눈물이 전염되듯이 침묵 속에 아이들은 눈물을 훔쳤다. 떨어지는 낙엽만 봐도 깔깔거린다는 사춘기 청소년들에게 이 눈물의 의미는 무엇일까?

고3이 되면 어른은 지금부터 시작이다, 지금부터 준비하면 된다는 말로 희망을 주지만 막상 고3이 된 아이들은 희망보다는 좌절을 더 이르게 겪는다. 수능 시험이 4백 일 넘게 남은 2학년 때는 앞으로 공부를 열심히 하면 성적이 오를 거라고 기대한다. 고3이 되고 남은 날짜가 두 자리가 되면 그때는 더욱 열심히 해야겠다는 생각보다 '앞으로 공부해서 뭐 하나'라는 회의가 몰려온다.

고3 초기, 수업에 들어오는 선생님들이 선배들의 전설적인 합격 사례를 들려주면서 이제부터라도 열심히 하면 성적이 오를 수 있다고 하면 "열심히 해야겠다", "난 할 수 있다"는 자신감이 드는 때도 잠시, 시험을 몇 번 치르고 나면 현실은 기대와 많이 다르다는 걸 실감한다. 생각만큼 성적이 안 나오면 '난 안 되나 보다' 하고 좌절하고 아울러 머릿속도 복잡해진다. 그러면서 근본적인 회의에 빠진다. 내가 왜 여기에 있는지, 여기서 뭘 하고 있는지, 뭘 추구해야 하는지, 이렇게 공부를 해서 무엇을 할 건지, 과연 공부만 해서 어디 쓸데가 있는지 자신도 잘 모르는 상태가 된다. 그때는 학교에 있는 것조차 싫다.

어른들은 고3이 되면 더 열심히 공부할 거라고 막연히 생각하지만 아이들의 고백을 들어보니, 부담만 가득해지고 걱정만 늘어난다고 한다. 걱정 때문에 오히려 공부가 잘 안 된다고 했다. 지금 고3인 아이들은 가장 걱정스러운 후배로 부모나 선생님이 시키는 대로 열심히 공부만 하는 학생들을 지목했다. 자신이 어떤 길을 가는지 잘 모르는 아이들이다. 자신이 지금 어떤 위치에 있는지 모르면 정신없이 공부해야 할 상황에 공부 의욕을 잃는다는 걸 안다. 대신 심리적인 압박은 심해지고, 불안만 높아진다. 진짜 목숨 걸고 공부하는 아이들도 물론 있다. 자기 꿈을 확실히 아는 아이들이다. 자신의 꿈이 없는 아이들은 그럭저럭 엄마나 선생님 말을 따르다가 압박이 심해지면 불안감 탓에 무의식적으로라도 압박감을 피하려고 한다.

그런 후배들에게 고3 학생들은 의무감으로 무조건 열심히 공부하려는 마음은 버리고 좀 돌아서 가더라도 자기 성찰이 필요하다고 조언한다. 어떤 경우든 절실함이 있을 때, 그리고 해야 할 이유가 있을 때 몸과 마음이 움직인다는 걸 우리는 잘 안다. 자기 마음을 반성하고 살핀다는 성찰의 뜻처럼 공부 또한 자아 성찰의 과정이다. 자신을 살펴보고 태도, 말, 행동, 집중과 몰입 등 관련 일을 깊이 성찰하는 시간은 자기 삶에 긍정적으로 작용한다. 부모는 성찰이라고 하면 성적 문제, 진로 문제 등을 앞세우지만 위의 문제는 고민일 뿐이지 자기 성찰은 아니다. 내가 누구인지, 나는 어떤 성격의 사람인지, 뭘 좋아하는지, 뭘 잘하는지를 성찰하면 그다음의 고민들을 어떻게 해결해야 하는지 방향이 정해진다.

사람에게는 때가 있다고 한다. 자기 목표를 찾고 공부를 할 이유를 찾으면, 그때부터 공부를 하게 된다. 새로운 목표를 세우고 다시 공부를 하기까지 몇 달이 아닌, 몇 년이 걸릴 수도 있다. 조금 돌아간들 어떠하랴. 여유도 주지 않고 자신이 무엇을 고민하는지조차 모르고 보내는 시간보다 분명 의미 있을 것이다.

공부, 좌절, 그리고 자살

우리나라는 OECD 국가 중 자살률 1위 국가다. 우리나라 청소년 10명 중 1명은 자살을 생각해봤다는 통계도 나와 있듯이, 자살은 생각보다 우리 가까이에 있다.

자살을 생각해본 적이 없는 학생도 공부만 하는 상황에 저도 모르게 위기의 순간에 빠지기도 한다. 인터뷰에 참가한 한 아이는 교실에 앉아 있다가 어느 순간 정신 차려 보니까 손에 커터 칼을 든 자신을 보고 소스라치게 놀란 적이 있다고 했다. 자습할 때 쓸 일이 많아서 책상에 커터 칼을 항상 놔두는데 그게 자기 손에 들려있더란다. '내가 왜 이러지?' 하고 급하게 다시 칼을 가방에 넣긴 했지만 그때의 기억은 아직도 생생하다. 자살을 생각해본 적이 없어도 공부로 숨 막히는 현실은 이처럼 자신도 생각하지 못하는 새 부정적인 생각에 말려들게 하고 만다.

대구 중학생의 자살뿐만 아니라 최근 중·고등학생이 스스로 목숨을 끊었다는 기사는 어렵지 않게 접할 수 있다. 또래가 공부 문제로 자살했다는 소식을 들을 때의 심정은 어떨까? 아니, 공부나 성적을 이유로 학생들을 자살을 몰아가는 사회가 원망스럽지는 않을까?

가까이서, 혹은 멀리서 또래의 자살을 경험한 아이들은 그 아이들을 대변해 이렇게 말했다.

자살, 힘든 순간의 마지막 선택

이은　: 자살은 선택하기 힘든 거잖아요. 얼마나 삶이 짜증나고 살기
　　　　싫었으면 그렇게 됐을까 생각해요. 저는 제 인생에서 가장 밑

바닥에 있을 때도 그런 생각은 안 들었거든요.

제작진 : 그 상황이 되면 아무 말도 안 들리는 거 아닐까?

난주 : 판단이 안 서는 거죠. 아무 말도 안 들리고. 차라리 이럴 바에야 사라지는 게 더 나을 거 같으니까. 그때의 마지막 선택인 거죠.

지은 : 공부하기 힘들긴 한데 자살하고 싶진 않아요. 공부가 중요하고 공부 때문에 스트레스 받지만 그렇다고 공부 때문에 죽으면 억울하지 않아요?

혜린 : 정말 멍청한 짓이긴 하지만 엄마 아빠랑 싸우다가 가끔 나쁜 생각을 할 때가 있어요. 그럴 때 도움이 필요한데, 막상 도움이 필요할 때는 도움을 못 받아요. 그래서 일부러 나에 대한 생각을 안 할 때도 있어요. 정말 아프니까.

민경 : 어른들이 보기에는 이렇게 성적에 집착하고 그러는 우리들 모습 보면 한심해 보이고 그래요? 자살하고 그러면 더 한심해 보일까요? 그런데 어른들 눈에는 우리의 상황이 전혀 보이지 않는 걸까요?

혜진 : 이러다가 그냥 훅 가겠구나 싶을 때가 있어요. (눈물을 흘리는 혜진이) 아이, 또 울어. 전 이 단어가 너무 싫어요, '자살'이라는 거. 너무 슬픈 것 같아.

민경 : 솔직히 자살을 생각하는 우리를 멍청하다고 말씀하시는 분도 있는데 그건 그 상황에 없어봐서 그렇게 쉽게 말하는 것 같아요. 진짜 왜 사는지 모르겠다는 생각이 들면 어느 순간 가버릴 것 같아요. 정말 사라져버리고 싶은 그런 마음 있잖아요.

우리나라 청소년의 사망 원인 1위는 자살이다. 그리고 청소년이 자살하는 가장 큰 원인은 성적이다. 원인을 들여다보니 성적을 비관해 목숨을 버리려고 하는 경우가 많았다. 그 뒤를 이어 가정불화, 경제적 어려움, 외로움·고독이 차지했다. OECD 국가들의 청소년 자살이 줄어드는 것과 정반대로, 우리나라는 10년 사이 자살률이 57퍼센트나 증가했다.

청소년의 자살이 걱정스러운 이유는 그 현상을 파악하기가 쉽지 않기 때문이다. 성인은 대개 우울증이 직접적인 원인으로 작용하기 때문에 그 징후가 있고 조기에 발견하면 의학적으로 치료할 수 있다. 반면 청소년의 자살은 충동적인 경우가 많다. 주변에서 자살 징후를 포착하기가 어렵기 때문에 주변에서 도움을 주기가 힘든 편이다.

그렇기 때문에 그 해법도 성인과는 다르다. 정부에서는 학교의 상담 기능을 강화해나가고 학교와 지역 사회가 상호 협력하는 지역 협력모델을 운영해 정서적으로 어려움을 겪고 있는 학생들을 지원해준다는 계획을 발표했지만 그보다 우선되어야 하는 건 청소년을 이해하려는 노력이다. 청소년 시기에는 그 심정을 헤아려주고 조금만 애기를 들어줘도 마음을 고쳐먹는 경우가 많다. 특히 가족 해체로 가정이 아이를 제대로 돌보지 못하고, 소모적인 경쟁 위주의 학습으로 아이들이 스스로 목숨을 끊게 만들었다는 분석에 귀 기울일 필요가 있다. 아이 개인의 문제로만 생각하지 말고 가족 문제, 사회 문제로 넓게 바라봐야 한다는 말이다.

경쟁의 산물, 전교 1등

좋은 대학에 들어가기 위해서는 또래 수험생들은 모두 경쟁 관계가 되어야 한다. 경쟁 관계에서는 내가 더 좋은 자리를 차지하기 위해서 한 친구를 떨어뜨려야 하는 상황이 발생한다. 그 최고의 정점에는 성공을 보장받는 자리, 전교 1등이 있다.

전교 1등이란

제작진 : 전교 1등하는 친구들 보면 어때?

다민 : 걔네는 좋은 대학 가니까 부러워요.

보경 : 그런데 1등하면 엄마, 아빠가 더 불안해하지 않아요? 조금만 성적이 떨어져도 "네가 왜 떨어져!" 이러실 것 같아요.

제작진 : 1등이 탐나지 않아?

유나 : 부럽기도 하지만 불쌍하기도 해요. 늘 공부만 하고 있어요. 쉬는 시간에도 공부, 학교 끝나고 가서도 공부, 아침 일찍 와서도 공부.

호승 : 제가 저번에 전교 1등을 했는데요. 그때 애들이 "좋겠다" 그래서 "그래, 나 좋아" 하고 얘기했지만 속으로는 꼭 그렇지는 않았어요. 누가 1등을 하면 다른 누군가는 꼴찌를 하잖아요. 어차피 누군가는 1등을 할 거니까, 그게 저라고 좋아할 이유는 없다고 생각하거든요. 솔직히 말하면 성적으로 크게 성취감을 느낀 적은 없어요. 어머니께서는 항상 저한테 뭔가를 기대를 하세요. 시험 성적 같은 경우에는 "전교 몇 등을 해라",

"너희 반 누구를 이겨라" 이렇게 말씀하시는데, 솔직히 그걸 제 가치관으로 생각하지 않거든요. 어머니께서 제 가치관을 무시하고 저를 끌고가려는 건 잘못된 것 같아요. 저를 사랑해서, 잘되라고 하시는 건 아는데, 그걸 알면서도 힘들어요. 전교 1등에 대한 성취감이나 감흥보다는 그냥 해야 할 일 같은 의무감이 있어요.

아이들의 말이 의외다. 경쟁 구도로 생각하는 어른의 마음으로는 경쟁자가 일탈을 하는 건 곧 내 성적이 위로 올라간다는 걸 의미한다. 경쟁자가 잘못되면 속으로 희열을 느낄 것 같지만 아이들의 말은 예상과 달랐다. 1등이 있으면 누군가는 꼴찌가 되는 법. 아이들은 같이 1등 할 수 있다면 같이 1등하는 법을 선택할 거라고 대답했다.

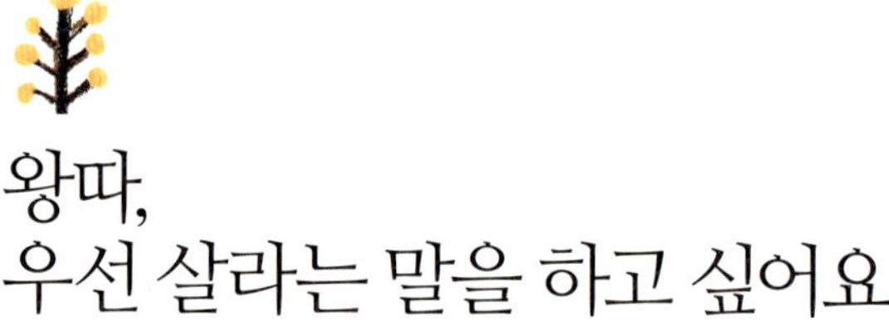

왕따,
우선 살라는 말을 하고 싶어요

친구, 유일한 대화 창구

"두 몸에 깃든 하나의 영혼이다."

철학자 아리스토텔레스의 친구에 대한 정의다. 교과서에 나온 친구에 대한 정의도 아리스토텔레스의 빛나는 은유에 버금간다. 중1 교과서에는 인디언 속담을 빌어 친구란 '내 슬픔을 등에 지고 가는 자'이고, 밤 10시에 자동차 트렁크에 시체를 넣고 찾아가 '어떻게 하면 좋겠느냐'며 하소연할 때 그 이야기를 잠자코 들어주는 사람이라고 말한다.

친구에 대한 정의는 다양하지만 어디서나 친구는 내 마음을 알아주는 존재이다. 내가 기쁘건 고통을 받건 나를 외면하지 않고 함께 있어주

"우리들에게 친구는요, 유일한 대화 창구예요."

는 존재다. 특히 부모에게서 벗어나 독립을 꿈꾸는 사춘기 학생들에게
친구의 존재는 매우 중요하다.

학교 생활을 잘하려면 친구가 필요

제작진 : 너희들에게 친구가 많이 중요하니?

일동 : 네!

제작진 : 지켜보니까 부모님이나 선생님과 문제가 생기면 태연하게 넘기
는 부분이 있는데 친구 문제는 한 번 터지면 굉장히 힘들어하
는 거 같아.

상민 : 부모님보다 친구와 보내는 시간이 더 많으니까요. 밤 11시 야
자(야간자율학습) 끝날 때까지 친구들이랑 있잖아요. 또 가족
은 불화가 생기면 어떻게든 연결돼 있으니까 되돌리기 쉽지만
친구 관계는 한 번 무너지면 회복하기가 힘들어요. 그래서 친
구에게 더 헌신하는 것 같아요.

제작진 : 친구는 나의 유일한 대화 창구라는 느낌인 걸까?

지민 : (고개를 끄덕거리며) 얘기하다보면 제가 원하는 것과 상대가 원
하는 게 안 맞을 때가 있잖아요. 그런데 친구들하고 얘기하면
"아~ 맞다" 이러면서 이야기꽃이 펼쳐져요. 하하. 그래서 친
구들하고 말할 때 편해요. 수다도 떨 수 있지만 나와 나이가
같고 공통 관심사도 같아서 편하게 얘기할 수 있어요.

제작진 : 친구 관계가 그렇게 중요하니? 오히려 너희들한텐 학업, 공
부, 성적, 이런 게 중요하지 않아?

지원 : 친구 관계가 안 좋으면요, 학교 생활이 잘 안 돼요. 정말 모든

것이 막혀버리는 느낌?

소연 : 맞아! 살기가 힘들어.

서영 : 공부도 중요하긴 한데 진짜 일부분에 불과하거든요. 인간 관
계가 학교 생활의 대부분이에요.

예나 지금이나 친구의 존재는 절대적이다. 아이들은 공부가 중요한
걸 알지만 학교 생활을 잘하기 위해서는 친구가 필요하다는 말을 했다.
공부가 힘들 때 공부를 도와주는 것도 친구이고, 다른 고민이 있을 때
진지하게 고민을 들어주는 것도 친구라고 했다. 친구와 상담을 하면 기
분이 나아져 다시 마음을 다지고 공부하거나 학교 생활을 해나갈 수 있
다고 했다.

요즘에는 친구와 직접 만나지 않아도 메시지나 페이스북, 트위터 등
누구에게나 열려 있는 소셜네트워크서비스(SNS)가 주요한 만남의 장이
되고 있지만, 개방적인 SNS보다 폐쇄적인 SNS 쪽으로 옮겨가고 있는
추세다. 친밀도에 따라 가족, 친구, 동호회 등을 별도의 그룹으로 분류
해 이야기를 주고받을 수 있도록 설계된 응용 프로그램이 그런 예이다.
대상은 한정적이지만 사생활이 공개되지 않고 친한 사람끼리만 속 깊은
이야기를 할 수 있다는 장점이 있다.

사회 속에 놓인 사람, 그중에서도 사람과의 긴밀한 유대 관계에 큰 영
향을 받는 청소년기에는 무엇보다 친구 관계가 중요하게 다가올 수밖에
없다.

왕따, 꼭 그래야만 했을까?

친구의 중요성을 모르는 건 아니지만 부모의 마음은 아이와 같지 않다. 지금은 공부해야 할 때이니 친구는 나중에 대학 가서 사귀라는 말을 한다. 친구를 공부 방해물 또는 경쟁 상대로 취급한다. 어제 오늘의 일은 아니지만 힘의 균형을 잃은 친구 관계가 왕따 문제로 비화되기도 한다.

은근하게 따돌리거나 이유 있는 따돌림이 언젠가부터 이유도 없고 누가 당할지 모르는 불특정한 상태로 진화했다. 그 수법 또한 악랄해졌다. 1년 내내 왕따를 당하다가 목숨을 끊은 학생들의 이야기도 들려온다.

아이들은 어느 교실이나 한두 명은 왕따 친구들이 있다고 고백했다. 자신과는 관계 없는 것처럼 모른 척하며 지내지만 그 마음이 편치는 않다.

왕따 당하는 친구를 보면

유나 : 자살을 결심할 정도로 다른 애들이 왕따를 시켰다는 거잖아요. 방법은 다르겠지만 그 아이와 문제가 없는데도 욕으로 끝나지 않고 지속적으로 괴롭히는 거예요. 여러 명이서 때리고.

예은 : 친구도 못 사귀게 심하게 대하고. 막 욕을 하는 거죠. 그런데 왕따 이야기나 왕따 당해서 자살한 이야기가 계속 나오다 보니까 무감각해지고 무뎌지는 것 같아요. 그걸 보면서 느끼는 감정들이…

일호 : 그래도 정말 안타까운 게 조금 더 멀리 봤으면 자살까지 하지는
않았을 텐데 싶어요.

신혁 : '꼭 그래야만 했을까?'란 생각이 들어요.

동찬 : 학교에 가면 겉으로는 다 조용히 잘 지내는 것처럼 보여요. 그
런데 반마다 무시당하는 놈이 한두 명 있거든요. 대놓고 따돌
릴 정도면 그건 이미 심각한 상태죠. 보통 말을 안 거는 식으로
소소하게 따돌리는 걸로 시작해요.

신혁 : 따돌림 당하는 친구 중에서도 아예 벽을 쌓고 그런 거에 아랑
곳하지 않고 잘 지내는 친구도 있어요. 또 자기 성격을 고치고
다가가고 싶은데 그러지를 못해서 많이 힘들어하는 친구들도
있고요.

수빈 : 도와줘야 할 것 같은데….

정훈 : 도와주면서도 뭔가 꺼림칙해요. 왠지 저도 그 상황에서 피해를
입을 수 있을 것 같고, 선뜻 용기내기가 쉽지 않아요.

아이들은 다양한 왕따 이야기를 했다. 초등학교 때는 말이 없는 아이
들이나 몸이 불편한 아이, 가난한 아이들이 주로 왕따를 당했지만 지금
은 누가 될지 모른다. 남자 아이들과 여자 아이들의 왕따 방법도 다르
다. 남자 아이들은 직접적이다. 말보다는 안 보이는 데서 때린다. 여자
아이들은 좀 더 교묘하고 은근하다. 같이 잘 지내다가 무리 중에 싫은
아이가 생기면 같이 다니는 애들을 이간질시키고 말을 안 한다. 이유도
모른 채 그냥 왕따가 되는 것이다.

따돌림의 형태도 영악해지고 점점 진화하고 있다. 스마트폰을 이용한

와이파이 셔틀도 생겼다. 왕따 학생에게 데이터 무제한 요금제에 강제로 가입하게 한 뒤 스마트폰을 자신의 것과 연동해 와이파이 서비스를 무제한으로 이용하는 것이다. '셔틀'이란 가해 학생이 피해 학생에게 주기적으로 심부름을 시키는 것을 뜻한다. 네이트온, 카카오톡 등 모바일 메신저를 통해 사이버 공간에서 왕따를 시키는 인터넷 왕따Cyber Bullying도 늘고 있다. 학교에서, 방과 후에도, 심지어 집에서도 시공간을 가리지 않고 따돌림을 당한다.

가장 큰 문제는 왕따 시키는 애들도 문제지만, 어른들이 사각지대에 놓인 왕따 문제를 해결하는 데 적극적으로 나서지 않는 것도 문제다. 아이들은 어른들이 '그냥 놔두면 애들끼리 알아서 잘하겠지'하면서 관여하지 않거나 심각하게 생각하지 않는다고 항의한다. 아이들은 왕따 문제는 스스로의 힘으로 어쩌지 못하겠다고 했다. 왕따 문제를 해결할 수 있는 근본적인 대책 방법은 없을까?

어른의 개입, 왕따 해결에 도움될까?

왕따 문제, 어떡하면 좋겠어?

수빈 : 우리가 왕따 당하는 친구를 조금 도와주는 정도로는 안 될 것 같아요. 그 친구 입장이 되어 보고 같이 있어줘야 다른 친구들도 그 모습을 보고 그 아이에게 다가오죠. 그걸 누가 먼저 깨주느냐가 중요한데 그 역할을 하기가 어렵죠. 솔직히 40명이 한 집단에 1년 동안 지내면서 군중심리라는 것도 있는

데…. 가장 좋은 건 반이나 무리 중에서 영향력 있는 한 명이 먼저 다가가는 역할을 하는 건데 그게 좀 어렵죠.

제작진 : 그 역할을 선생님이 해주면?

수빈 : 그건 진혀 효과 없어요.

신혁 : 선생님이 하루 24시간 그 교실에 같이 계실 수는 없잖아요. 아무리 훈계를 해도 선생님이 자리를 비우면 또 어떻게 분위기가 흘러간단 말이에요.

수빈 : 쉬는 시간 10분! 수업 종료 종이 치는 순간부터 다시 시작 종이 치는 순간! 그 사이에 거의 모든 일이 일어나요. 그때 선생님은 교실에 신경 안 쓰시거든요.

승언 : 물론 선생님한테 얘기할 수도 있죠. 하지만 선생님이 어떻게 대응하는가도 아주 중요할 것 같아요. 애매한 방법으로 해결하면 상황이 더 꼬여버릴 수 있거든요. 예전에 어떤 기사를 봤는데 선생님이 대응을 제대로 안 해주는 바람에 반 아이들이 그 아이가 선생님에게 일렀다는 걸 알았대요. 그 뒤로 보복 차원에서 더 괴롭혔대요.

영훈 : 정확한 해결 방법이 어떤 건지는 우리도 잘 몰라요. 하지만 신생님이든 부모님이든 큰 힘을 가진 사람들이 도와주면 참 좋겠다고 생각해요.

소희 : 선생님이 조금 더 신경 써서 부모님에게 이야기해주고, 왕따를 시킨 아이들의 부모에게 말해서 조금만 적극적으로 도와줬어도 아이가 자살하진 않았을 것 같아요.

제작진 : 반대로 학생들끼리는 그런 문제가 감당이 안 된다는 말이지.

소희   : 선생님은 말로는 왕따 당하는 애들 편이라고 하면서 아무것
         도 안 해줘요.

제레미 리프킨은 공감이란 '다른 사람이 겪는 고통의 정서적 상태로
들어가 그 고통을 자신의 고통처럼 느끼는 것'이라고 정의했다. 인간은
결코 이기적인 존재가 아니며 서로 돕고 배려하는 건 인간의 본능이라
는 것이다. 왕따 문제를 해결하는 방법 또한 '공감'이다. 왕따 문제의 출
발 또한 상대의 괴로움을 이해하는 공감에서 시작된다. 아이들은 공감
의 영역을 부모님과 선생님까지 확대해서 함께해주기를 바라고 있었다.
왕따 문제를 처리해야 될 일로 보지 말고 아이들과 함께 정말 공감하고
아파해주길 원하는 것이다.

무슨 일이 있어도 삶을 포기하지 마!

승민이가 왕따 경험을 어렵게 꺼냈다. 초등학교 때 반에서 힘이 센 아
이들에게 찍혀서 한동안 혼자였던 적이 있었다. 왕따는 낙인 효과가 있
다. 찌질하다, 나댄다, 또는 다른 이유로 한 번 낙인이 찍히면 자신이 변
해도 인정을 해주지 않는다. 벌써 5, 6년이 지났지만 그때의 기억은 큰
상처로 남아 있다. 그때 이후로 애들한테 관심도 없어지고 혼자 있으려
고 하는 성향도 강해졌다고 한다. 어렵게 입을 연 승민이에게 제작진이
조심스럽게 물었다.

왕따 당하는 아이에게 하고 싶은 말

제작진 : 그때 어떤 심정이었는지 기억나?

승민 　: 최근에 그런 기사가 부쩍 늘었잖아요. 그런 걸 보면 슬프기도
　　　　하고요, 착잡해요.

제작진 : 왕따 기사나 자료를 찾아보게 돼?

승민 　: 몇 번 찾아보게 되는데, 아직 완벽한 결론은 없는 것 같아요

제작진 : 승민이가 경험한 일들이 다른 학교나 교실에서 종종 벌어지
　　　　잖아. 그런 일을 겪었던 사람으로서 해주고 싶은 얘기가 있
　　　　어? 나는 어땠는데, 이렇게 해서 변화했다거나 극복했다는 얘
　　　　기 말이야.

승민 　: 왕따 당하는 애한테 할 말이요? 일단 살라는 거죠.

제작진 : 일단 살아라?

승민 　: 당하면서 살라는 게 아니라요. 무슨 일이 있어도 자기 삶을 포
　　　　기해서는 안 된다고 생각해요. (옆에 있던 친구들이 승민이 무릎
　　　　을 다독여준다.)

제작진 : 왕따를 당했던 그때 기억이 어땠어?

승민 　: (옆 친구들을 가리키며) 그땐 정말 이런 친구들이 있으면 좋겠
　　　　다고 생각했어요.

　왕따 문제를 가해자와 피해자의 문제로만 생각해서는 안 된다. 학생,
학부모, 교사는 물론 시민 단체, 지역 사회 구성원이 모두 책임져야 해
결된다는 것. 전문가들이 제시하는 왕따 해결 방안은 크게 세 가지로
구분된다.

첫째는 학생들 스스로 해결하는 '또래 조정 프로그램'이다. 아이들 문제는 아이들이 가장 잘 안다. 어른보다 또래들이 아이들의 입장에서 그 문제를 잘 알고 있기 때문이다. 학생들의 갈등은 학생들 스스로 해결할 수 있도록 전국 각지에서 운영하는 프로그램이 '또래 조정 프로그램'이다.

또래 조정 프로그램은 왕따나 학교 폭력을 당한 사실이 확인되면, 또래 조정자들이 나서서 원인을 분석하고 해결책을 제시하는 방식이다. 초등학교에서는 반에서 나를 도와줄 것 같은 믿을 만한 친구를 투표해 또래 조정자를 뽑기도 하고, 갈등 조정센터에서 또래 조정자 교육을 받은 학생들이 또래 조정자가 되기도 한다.

또래 조정은 1983년 미국 롱아일랜드 브라이언트 고등학교에서 처음 시도한 프로그램으로 미국 외에 세계 곳곳에서 아예 수업 시수에 포함시켜 왕따 문제를 해결하고 있다.

예를 들어 핀란드의 키바 코울루Kiva Koulu는 1, 4, 7학년 대상의 수업으로, 1년간 총 20시간씩 일주일에 한 번씩 이루어지는 또래 중재자 프로그램이다. 학생들이 역할극을 통해 가해자, 피해자, 방관자 등의 역할을 간접적으로 체험한 뒤 해결 방안을 토의하고, 스스로 규칙을 만든다. 규칙이 만들어지면 모든 학생이 서명하고 이를 지켜나가는데, 실제 그 효과가 매우 큰 것으로 알려져 있다.

둘째는 지역 상담센터이다. 그중 대표적인 곳이 정부가 지역별, 부처별로 분산되어 있던 상담센터를 일원화해 운영하는 위Wee 센터다. 학교와 교육청, 지역 사회가 연계해 학교 폭력이나 학습 부진, 부적응 때문에 고민하는 아이들을 상담한다. (대표 전화 : 국번 없이 1577)

셋째는 가족과의 대화다. 왕따나 학교 폭력을 당하면 대다수의 학생이 수치심 또는 보복이 두려워 피해 사실을 말하지 못한다. 그때 심리적으로 가장 큰 도움을 줄 수 있는 사람이 가까이에 있는 부모나 형제다. 아이가 평소와 다른 행동을 하거나 몸에 상처가 나서 집에 오지는 않는지 관심을 기울이고 대화를 나눠보는 것이 필요하다. 흥분해서 아이를 다그치지 말고 그간의 고통을 공감하고 이해하면 아이도 심리적인 안정을 찾을 수 있다. 그후 아이가 원하는 해결 방안을 물어보고 대화를 나누는 것이 좋다.

학교 폭력이나 왕따 문제가 커지는 원인에는 가족과의 소통 부재가 뒤따른다. 가족에 대한 불만을 다른 학생을 왕따시키는 방법으로 해소하거나 왕따를 당하면서도 부모에게는 알리지 않아 문제가 더 커지는 것이다. 이러한 현실에 맞춰 학교와 사회 기관에서는 부자 캠프나 숲체험 프로그램, 가족 힐링 캠프 등과 같은 각종 가족 관계회복 프로그램을 실시하고 있다.

외모,
배틀 붙다

화장하는 중·고생

아름다움을 향한 사람의 미적 욕구는 본능이다. 인류의 아름다워지기 위한 역사는 아주 오래됐다. 기원전 7,500년 전 고대 이집트에서는 화장은 아름다워지려는 노력이자 귀신을 쫓는 주술 의식이었다. 유명한 클레오파트라의 화장법처럼 검은색으로 아이라인을 굵게 그린 화장이 유행했다. 손톱과 발톱은 천연 염색 재료인 열대 식물 헤나로 물들이고, 입술과 뺨은 입자 고운 붉은 흙으로 생기 있게 표현했다.

중세 시대에는 이탈리아를 중심으로 흰 피부를 강조해 하얗게 분을 바르고 머리카락과 눈썹은 어둡게 칠한 화장이 유명했다. 남녀노소도 가리지 않았다. 그러나 얼마 가지 않아 사람들이 시름시름 앓기 시작했다. 하얀 피부를 만들기 위해 남용하던 분의 주원료가 백연, 즉 몸에 치명적인 '납'성분이었던 것이다.

우리나라도 다르지 않다. 단군신화에도 아름다움의 욕구가 은유적으로 드러난다. 우리는 단군신화를 곰과 호랑이가 쑥과 마늘을 먹고 동굴 속에서 100일을 지내 웅녀가 탄생했다는 설화로 기억하지만 쑥과 마늘에는 미백 효과가 있고 햇빛을 차단한 동굴에서 지냈다는 점에서 흰 피부를 선호했던 우리 조상들의 미의 관점을 엿볼 수 있다.

'나는 누구인가'라는 질문에 답을 찾는 과정에서 아이들은 아이돌 그룹의 염색, 머리 모양, 화장을 모방하고 좋아하는 연예인이 나오는 브랜드의 옷을 산다고 말했다. 또래 집단에서 소외당하지 않기 위해 분위기를 주도하는 친구 한 명이 화장을 하면 유행처럼 번져 그 집단 아이들이 따라하기도 한다. 무엇보다 사춘기는 남들이 보는 나에 대한 관심이 높은 시기라 외모에 민감할 수밖에 없다.

외모에 민감한 시기

제작진 : 누가 진짜 예쁘다 하는 기준이 뭐야? 외모를 평가하는 항목 말이야.

혜린　 : 자신감!

지은　 : 여자는 당당해야 예뻐 보여요.

제작진 : 절대적 미가 외모의 기준이 될 수 있을까? 아니면 주변의 격려나 너희들을 바라보는 느낌으로 내 외모가 괜찮다든지 하는 게 있어?

혜진　 : 다른 사람들의 말이 기준이 되는 것 같아요. 주위 사람들이

둘째는 예쁘고 막내는 귀엽다 그러면서 첫째인 저는 공부 잘
하게 생겼다 이러면 솔직히 마음이 아파요.

제작진 : 주변 사람 얘기가 많이 신경 쓰이는가 보구나.

지은 : 외모는 주변 사람들이 많이 보니까요.

혜진 : 우리 아빠는 장난으로 '너 나중에 돈 많이 들겠다. 턱도 깎아
야 되고 코도 높여야 되고' 말하면요, 기분 나빠요. 기분 나쁘
다고 하면 아빠는 다 저 잘되라고 하는 말이래요. 안 그랬으
면 좋겠어요.

제작진 : 아까 자신감을 말했잖아. 나만 자신감 있으면 안 돼?

민경 : 그런데 남들이 안 좋게 말하면 자신감이 안 생겨요. 거울 보
면 위축되고요.

아이들은 자신감을 아름다움의 가장 큰 무기로 생각했지만, 주변에
서 어떻게 볼지를 민감하게 생각했다.

화장은 성인의 전유물이었지만, 어느 때부터인지 화장하는 중·고등
학생을 어렵지 않게 볼 수 있다. 화장하는 나이도 점점 어려지고 있다.
한 협회의 조사에 따르면 스킨, 로션 등의 기초 화장품과 립스틱, 아이
라이너 등의 색조 화장품을 처음 사용한 시기가 중·고등학교 때라는
대답한 학생이 많았다. 심지어 초등학생만 되어도 문구점에서 색조 화
장품을 구할 수 있다. 국내 화장품 업계도 10대 청소년들을 겨냥한 브
랜드를 출시하고 있다.

아름다워지기 위해서 화장한다고 하지만, 어른들은 학생은 학생다운
게 가장 예쁘다는 말로 일축한다. 하지만 아이들은 아름다워지기 위해

외모는 청소년기 아이들에게
'나는 누구인가'를 설명하는 중요한 화두이다.

노력하는 건 누구나 같다고 항변한다. 치맛단을 줄이고, 바짓단을 좁히고, 머리를 염색하고, 피부 화장을 하고 꾸미는 걸 나쁘게 보지 말아 달라고 말한다. 외모에 민감한 나이이기도 하거니와 외모가 경쟁력이 되는 시기에 예뻐 보이고 싶은 욕구는 당연한 건지도 모른다.

학생다운 게 가장 예쁘다?

인터넷 사이트에서 '중학생 화장', '고등학생 화장'을 검색하면 '중학생인데 화장해도 될까요?'라는 질문을 어렵지 않게 볼 수 있다. 구체적으로 어떤 색조 화장을 써야 하는지, 파운데이션을 너무 바르면 화장이 두꺼워 보이거나 밀린다는 구체적인 상담 조언도 있다. 또한 화장품 추천, 화장법, 10대 화장품 쇼핑몰까지 수많은 정보를 볼 수 있다. 화장에 대한 중·고생의 뜨거운 관심을 엿볼 수 있는 대목이다.

이처럼 어른의 전유물로 여겨지는 화장에 아이들이 관심을 가지는 이유는 무엇일까?

외모지상주의? 자신감의 표현? 화장하는 이유를 묻다

제작진 : 학생이 화장하려는 이유가 뭐야? 대학생처럼 보이려고 그런 거야?

유나　 : 화장해서 예뻐 보이면 좋잖아요. 요즘은 외모로 사람을 판단하니까요. 화장하면 고개 딱 들고 가는데 화장을 안 하면 손으로 가리고 다녀요.

제작진 : 왜?

유나　 : 그냥 자신감이 떨어져요.

제작진 : 학생이 화장을 하면 어른은 하지 말라고 하잖아. 왜 화장 안
　　　　하는 게 예쁘다고 하는 것 같아?

소희　 : 학생은 학생다워야 한다고요.

민경　 : 질문 하나 해도 돼요? 어른들은 '학생다운 게 제일 예쁜 거야'
　　　　이러는데 솔직히 우리가 보기에는 학생다운 거 안 예쁘잖아
　　　　요. 촌스럽고 그렇잖아요. 어른들이 보기에도 우리가 꾸미고
　　　　해야 예뻐 보이지 않아요?

제작진 : 그때 아니면 못하는 거니까. 너희 때 아니면 못하는 거라서 어
　　　　른들이 지금 너희 때의 모습이 예쁘다고 하는 것 같아. 납득
　　　　이 돼?

아이들 : (전원) 아뇨.

소희　 : 어른들도 솔직히 외모를 많이 보잖아요. 저희한테도 외모 보
　　　　고 많이 평가하잖아요. 친구들과 같이 있을 때 비교하기도 하
　　　　고요. 그런데도 무조건 아니라고 하는 건 이해가 되지 않아요.

화장하는 아이들을 바라보는 중·고등학생의 화장에 대한 논란이 첨
예하다. 찬성하는 쪽은 예뻐지고 싶은 사람의 자연스러운 욕구로 보자
고 말한다. 가장 외모에 민감한 시기에 예뻐 보이고 싶고 멋있게 보이고
싶은 건 당연하지 않느냐는 의견이다. 외모가 경쟁력인 시대에 나이가
어리다고 해서 무조건 '화장하는 청소년은 문제 청소년'으로 봐서는 안
된다는 입장이다. 외국 청소년들을 보면 화장하지 않는 아이들을 보기

드물 정도로 청소년 화장이 보편화되어 있다. 유독 우리나라만 학생이 화장하면 일탈한 비행 청소년 취급을 한다. 한편으로는 화장이 또래 문화로 자리잡아가고 있으므로 인정해야 한다는 현실적인 시각도 있다.

반면 반대하는 쪽은 신체적 성장이 급속도로 이뤄지는 청소년기에 화장하는 건 이르다고 말한다. 피부 표면이 얇고 호르몬 등의 변화로 피부가 예민해지는 시기에 화장을 하면, 피부 트러블이나 노화를 일으키기 쉽다는 것이다. 특히나 피부 관리법에 대한 지식도 없는 상태에서 진한 화장을 하다가는 부작용이 일어나기 쉽다고 말한다. 다른 한편으로는 화장은 외모지상주의가 만들어낸 폐해라고도 분석한다. 예뻐지고 싶다는 욕망으로 이른 나이에 화장을 하는데, 자칫 가치관을 확립하는 시기에 외모가 가장 중요하다는 잘못된 가치관을 심어줄 수 있다는 우려다. 화장은 일종의 어른 행세를 하는 행동인데 어른 흉내를 내며 탈선에 빠지기 쉽다는 우려도 섞여 있다. 더 중요한 건 외모를 가꾸는 데 시간을 허비하다가는 학생 본연의 역할인 공부를 소홀히 하게 된다는 부모로서의 걱정이다.

어느 한쪽의 의견이 일방적으로 맞다고 하기는 어렵다. 그러나 학생이 화장하는 것을 무조건적으로 비판했던 여론이 서서히 바뀌고 있는 건 사실이다. 비판하기에 앞서 왜 그런지에 대한 이해가 필요하다는 것이다. 청소년 문화로 인정할 건 인정하자는 조심스러운 의견도 나온다. 다만 청소년기에 외모에만 집착하면 그릇된 가치관을 형성할 수 있기 때문에 어른과의 충분한 대화와 보살핌이 필요하다는 말이 설득력을 얻는다.

좋은 선생님은
잘 가르치는 선생님일까?

잘 가르치는 선생님 vs 걱정해주는 선생님

"가장 바람직한 교사상은 잘 가르치는 선생님이다."

이 퀴즈에 대한 답은 무엇일까? 정답은 X다. 제작진이 퀴즈를 내자 아이들 대다수가 답을 바로 맞혔다. 대화에 들어가기 위해서는 잘 가르치는 선생님이 가장 필요할 텐데, 왜 아이들은 아니라고 답했을까?

잘 가르치는 선생님은 흔하다

한결   : 잘 가르치는 선생님은

지원   : 인강(인터넷 강의)이죠.

한결 : 인강이나 사설 학원 가서 찾으면 돼요. 선생님은 학생들이랑 보내는 시간이 부모님 다음으로 많은 어른인 만큼 애들의 감정을 이해해주는 분이 더 좋아요.

소연 : 맞아.

민경 : 선생님이 지식이 많다는 건 알겠어요. 그런데 우리가 알아들을 수 없는 말로 설명하는 선생님이 계신데, 그게 제일 안 좋은 수업 같아요. 조금 부족하더라도 우리를 이해시키기 위해서 준비하고 노력하는 선생님이 더 좋아요.

지은 : 가끔 질문하면 이러는 선생님도 계세요. '이게 왜 이해가 안 되지?'란 표정으로 쳐다보시는 선생님이요.

민경 : "이런 것도 모르니?" 이렇게 물으세요. 그러면 저도 "몰라요"라고 말해요.

아이들 : 맞아.

민경 : 공부 잘하고 지식 얻는 것보다 더 중요한 것이 있을 것 같은데 그런 점이 저희에게는 중요한 것 같아요.

선생님에 대한 아이들의 추억은 마냥 좋지만은 않다. 사적인 말을 나누기에는 좀 껄끄러운 상대이기도 하다. 스승과 제자 사이라지만 선생님과의 상담 시간은 공부 이야기를 나누는 사무적인 관계가 되기 쉽다. 그래서 편하지 않다고 아이들은 입을 모았다.

신혁이는 상담을 했다가 안 좋았던 기억을 떠올렸다. 말로 대놓고 하지는 않지만 '너는 내가 교직 생활 하면서 스쳐지나갈 학생 중 한 명이고, 너도 그냥 다른 학생들처럼 네가 어떤 고민을 하든, 공부 열심히 하면 다 잘 될 거다'라는 느낌이 전해져서 씁쓸하게 상담이 끝났다고 했다.

선생님과 학생의 관계에서 '공부'로만 말할 수 있다는 것도 불만이다. 성적이 떨어지면 선생님의 관심도 떨어지고 공부 잘하고 똑똑한 아이들을 좋아하고 다른 아이들과 차별을 두는 것처럼 보인다. 다시 아이들에게 좋은 선생님의 조건을 물어봤다.

내가 좋아하는 선생님

좋아하는 선생님을 말하다

제작진 : (잘 가르치는 선생님이 아니라면) 어떤 선생님이 좋아?

현동 : 우리 학교처럼 각자의 이야기를 들어주시는 선생님이요. 고등학교 1학년 때 제가 한참 방황했거든요. 학교에 늦게 갔는데 선생님이 기다리고 계신 거예요. 그때 운동장을 20바퀴 돌라는 벌을 받았어요. 제가 운동장을 도는데 선생님도 같이 뛰시는 거예요. 그땐 정말 이해 안 갔어요. 저를 위해서 누가 희생해주고 기다려주는 건 상상도 못했었거든요. 그때 진짜 한 배를 탄 것 같은 느낌을 많이 받았어요. 그날을 계기로 저도 좀 성장을 한 것 같아요.

민경 : 며칠 전에 심심해서 교과서에 있는 시를 패러디해서 문학 선생님께 드렸어요. 문학 선생님이 그 시를 읽고 나서 제 이름도 외워주시고 인사도 받아주셨어요. 근데 그게 정말 기쁜 거예요. 성적이 아닌 다른 걸로 인정받았단 생각이 드니까, 그게

"잘 가르쳐주는 선생님보다
우리를 더 잘 이해해주는 선생님이 좋아요."

진짜 기뻤어요.

종현 : 진짜 걱정을 해주는 선생님 있잖아요. 공부를 굳이 잘하든
못하든 그냥 그 학생에게 맞게, 넌 어떤 점이 좋으니까 이러이
러한 걸 해보라고 말씀해주시는 선생님이요. 저는 이런 점이
더 중요하다고 생각해요.

한 교육 업체가 초등학생을 대상으로 설문 조사한 결과, 가장 바람직
한 선생님 1위는 '자상한 선생님'이다. 2위는 의견을 존중해주는 선생님,
그다음으로 3위가 잘 가르치는 선생님이다. 반면 싫어하는 선생님은 화
를 많이 내는 선생님, 편애하는 선생님 순이었다.

수많은 조사를 보면 잘 가르치는 선생님이 1위로 뽑힌 적은 없다. 대
부분 친근하고 이해심이 많은 선생님, 즉 학생과 소통하는 선생님을 좋
아하는 선생님으로 꼽았다.

최근에 한 교육기관이 밝힌 교사의 위상지수의 결과는 우리 교사의
현실을 잘 말해준다. 우리나라 교사의 위상지수는 OECD 회원국 중 네
번째로 높지만 학생들의 존경심은 최하위였다.

자녀가 교사가 되도록 권유하겠다는 응답은 두 번째로 높았지만, 학
생들이 교사를 존경한다는 대답은 11퍼센트에 불과했다. 존경심 부분
에서 75퍼센트의 비율로 1위를 차지한 중국과 비교하면 그 차이는 엄청
나다. 이는 교사가 사회적 위상은 높지만 학생으로부터 외면당하는 현
실을 잘 보여준다.

교권이 추락했다는 말이 절로 나올 법하다. 그러나 여전히 대다수의
학생은 교사의 관심을 바란다. 각종 조사에서는 잘 가르치는 교사보다

는 인성 교육이나 인생에 대한 조언을 하는 교사를 선호한다고 나타났다. 수업이나 진로 지도를 교사 역할의 전부로 바라보지 않는다. 오히려 부모가 없을 때는 부모의 역할을 하고, 인성이나 인생에 대해서도 상담을 하고 좋은 말을 얻길 바란다.

이제는 고전이 된 하임 G. 기너트의 『교사와 학생 사이』라는 책에는 다음과 같은 구절이 나온다.

"교사는 외과 의사와 같아서 칼을 아무렇게나 휘둘러서는 안 된다."

선생님의 잘못된 말 한마디는 평생 지워지지 않는 가슴의 흉터가 되고, 교사가 외면한 상황이 아이를 다른 성격으로 만들기도 한다. 선생님의 긍정적인 끄덕거림은 아이가 평생 마음에 새길 가치관으로 남기도 하고, 따뜻한 조언은 아이를 새로운 길로 안내하기도 한다.

아이들과 책의 말을 종합해보건대, 우리는 늘 아이들의 미래만을 바라보지만 아이들에게는 지금 현재 아이들의 기분과 무엇을 하고 싶은가에 관심을 기울이고 다가가는 선생님을 요구하는 게 아닐까.

부모님이 이해 못할까봐
두려워요

무조건 어른 말은 맞다고요?

인류가 시작된 이래 세계 곳곳에서 공통적으로 해온 교육이 있다. 바로 밥상머리 교육이다. 온 가족이 밥상에 둘러앉아 그날그날의 일을 이야기한다. 일부러 시간 낼 필요도 없다. 그저 밥 먹을 때 같이 먹으면 그것으로 끝이다. 길지 않은 시간이지만 같이 밥을 먹고 대화를 나누는 것으로 가족의 유대감을 느낀다. 밥상머리 교육이 아이들 정서에도 좋고 성적도 향상된다는 연구 결과도 있다.

그러나 시간에 쫓기는 요즘, 부모는 아이들과 밥상에 같이 앉는 일이 드물다. 같이 있더라도 어느새 말문을 닫는다. 모처럼 패밀리 레스토랑에 와서도 음식을 다 먹기 바쁘게 스마트폰을 꺼내든다. 어쩌다 가족이

거실에 모여도 TV에 눈길이 갈 뿐이다. 그나마 나누는 대화도 드라마 이야기나 연예인에 관한 가벼운 이야깃거리뿐이다. 부모와 사이가 좋은 아이들도 진지한 대화는 잘 하지 않으려고 한다.

극단적인 사례로 인터넷에 패륜 카페가 등장했다는 소식도 전해온다. 그곳에는 반찬을 남긴다고 나무라는 어머니에게 욕설을 퍼붓거나 조금만 나이를 더 먹으면 반드시 부모를 죽이겠다는 끔찍한 글도 나온다. 상담 사례들을 보면 입에 담지 못할 욕설을 부모에게 내뱉으며 낄낄거리고 웃는 경우도 있다. 가슴이 철렁 내려앉을 듯하지만 아이들은 아무렇지 않아 보인다. 전문가들은 이런 현상의 원인을 부모와의 대화가 단절돼 소통 채널을 잃은 청소년들의 모습으로 분석했다. 지금은 욕을 하면서 스트레스를 해소하고 쾌감을 얻지만, 이것이 쌓여 나중에는 패륜 범죄로까지 이어질 수 있다는 데 그 위험이 있다.

부모와 자녀의 사이가 언제부터 그렇게 됐을까?

부모님과 진지한 대화는 안 통해요

민경 : 부모님이랑 진지한 얘기를 안 하게 되는 것 같아요. 어색하고 부담스러워서요. 연예인 얘기나 스포츠 얘기는 같이 즐거울 수 있지만 성적 얘기는 그렇지 않잖아요. 성적 때문에 학교에서도 스트레스 받으니까 집에서는 성적 얘기 안 했으면 좋겠는데 부모님은 계속 성적 얘기만 하려고 해요. 얼굴만 보면 바로 이야기하는 게 그거죠.

서영 : 대화할 기회가 자주 없어요. 왜냐하면 대화한다고 해도 화제가 공부 쪽으로 가는 경우가 많으니까요.

· · ·

"엄마, 아빠, 제 이야기가 들리세요?"

혜진 : 어렸을 때부터 집에서 의사 되라는 말을 하셨어요. 말로는 "강
요하는 거 아냐. 그냥 아빠 생각인데, 너 이과 가면 좋을 거 같
아." 그러시는데, 그건 모르는 말씀이에요. 절대 강요가 아니라
지만 저한테는 강요인 거잖아요. 그냥 이과 가라, 가라 해서 결
국 이과에 갔죠. 아빠가 이겼어요.

혜린 : 부모님께 이런 말들만 들으니까요. 엄마, 아빠한테 정작 해야
할 중요한 말들을 못하겠어요.

혜진 : 맞아! 내가 생각하는 걸 말해도 결국에는 부모님 마음대로이
고, 말해봤자 안 들어주실 거 같아요. 그래서 집에서는 거의 진
지한 말을 안 하게 돼요. (한동안 말을 멈추고 가만히 있다가) 아,
또 슬퍼라.

혜린 : (눈물보가 터진 혜린이. 아이들이 혜린이 등을 어루만져준다.) 답답해
요, 삶이…. 솔직히 부모님은 우리가 말 안 하면 모르시잖아요.
말해야 되는 건 아는데 말을 꺼내면 돌아올 얘기들이 무서워
요. 그렇게 한 번 부딪히면 제가 엄마, 아빠에게 충격을 주고 저
도 그만큼 충격을 받거든요. 그렇게 서로 싸우다 보면 그 기억
이 너무 깊숙하게 오래 남다 보니까….

아이들이 진지한 대화를 하지 않는 이유는 비슷했다. 어떤 대화든 그
결론은 부모가 원하는 대로 흘러가기 때문이다. 친구 관계, 성적, 진로
등 각자 다 고민이 있을 텐데 고민은 선뜻 입 밖으로 꺼내놓을 수 없다.
혹여 이야기하더라도 정해진 결론은 무조건 어른 말이 맞다며 그대로
따를 것을 요구한다. 아이들이 자신들의 생각을 이야기해도 "대들지 말

라"는 말만 돌아온다. 말하려고 하면 아예 말을 가로막는 부모도 있다. 부모의 행동이 잘못됐다고 생각하지만 그렇게 말했다가는 또 대든다고 할까봐 입을 닫는다고 했다.

자녀와 부모의 관계는 소통이 기본이다. 그러나 아이들은 부모와의 기본적인 소통이 불가능하다고 했다. 대화는 기본적으로 서로 오가는 건데 "그건 아니야", "이거 잘못됐어"라며 엄마, 아빠는 자신의 주장만 앞세운다. 부모가 자신보다 많은 경험을 하고 지혜가 있는 건 알지만, 그 경험을 예외 없는 보편적 상식으로 보고 그 울타리 바깥으로 나가는 걸 가로막는 것은 억울하다. 다른 방법을 말하면 "너랑은 말이 안 통해"라며 먼저 소통을 끊어버린다고 했다.

아이들은 어른에게 얘기해봤자 해결되는 건 없다고 말한다. 어른들은 너도 크면 알게 된다는 말로, 공부 열심히 하라는 말로 언제 어떤 상황에서든 똑같은 결론만 내려고 한다. 마음이 아프다는 아이에게 공부 열심히 하라는 말뿐이다. 아이들은 이야기가 시작되었을 때 벌어질 상황이 뻔하기 때문에 대화를 피하고 싶다고 했다. 어른들은 요즘 아이들이 어른의 말을 무시한다고 말하지만, 아이들은 말을 해도 이해하지 못할까봐 어른과의 대화가 두렵다.

어떤 대화든 그 끝은 "공부해라"

게다가 어른들은 늘 공부 이야기뿐이다. 집에서도, 학교에서도 어떤 이야기를 하든 그 결론은 뻔하다. "저 연기하고 싶어요", "공부해", "저

음악하고 싶어요", "공부해", "저 춤추고 싶어요", "공부해" 돌아오는 말은 항상 같다. 적당한 선에서 끝나지 않는다. 공부 이야기만 나오면 1절로 끝나지 않고 점점 길어진다. 그러니 부모님이 말할 때는 당연히 딴생각에 빠질 수밖에 없다.

왜 공부가 필요한지는 생각할 겨를도 없다. 방학이 끝나면 시험이 되풀이되는 가운데, 왜 공부를 해야 하는지도 모른다. 서울대 가도 직업이 보장되지 않는 시대라고 하는데, 무턱대고 무조건 이유불문 공부만 하라는 건 불공평하다는 생각이 절로 든다.

부모와 대화가 필요하다는 말에는 다들 공감했지만 어떻게 말을 해야 할지 그 방법은 혼란스러워했다. 대화하려고 하면 감정이 먼저 북받쳐서 눈물부터 나온다는 학생도 있었다. 엄마가 알아줬으면 좋겠는데 뭔가 말하려고 하면 울음부터 나서 의견을 전달하지 못하고 실패한다는 것이다. 아이들은 부모 이야기가 나오자 눈물부터 터졌다. 한 아이는 부모님과 대화하면 캄캄하고 막막한 길을 걷고 있는 느낌이라고 했다.

아이들은 아이들대로 대화의 창구를 열어두고 있지만, 그 기회는 두려움 앞에 무너지고 만다. 자식을 사랑하지 않는 부모는 없다고 한다. 아이들도 부모의 사랑을 의심하는 건 아니다. 오히려 부모의 사랑이 지나쳐서 탈이라고 말했다. 지나친 사랑은 무언가를 늘 기대하기 때문이다. 자식을 또 하나의 독립된 존재로 인정하지 않고 "이번에는 몇 등해라", "너희 반 누구보다는 잘해야 된다" 식으로 부모가 조정하려고 한다. 다양한 재능과 가능성을 가진 존재라고 인정하지 못하고 부모가 원하는 방향으로 바꾸려드는 걸 느끼면 아이들은 그건 좀 '아니다' 싶다.

아이들이 떠올리는 부모는 공부하라는 부모와 시키는 대로 하라는 부모 사이를 왔다갔다 한다.

우리가 바라는 대화는

듣기 싫은 말, 듣기 좋은 말

제작진 : 어른들한테 듣기 싫은 말이 뭐니? 제발 이 말만은 하지 말았
으면 좋겠다는 말 있어?

영지 : "대들지 마라". 대드는 게 아니라 제 생각을 말하고 싶은 건데
부모님 말을 따르지 않으면 무조건 대든다고 하니 너무 답답
해요.

종현 : "언젠간 알게 되겠지". 마치 제가 하는 지금의 생각과 고민,
방황, 모든 행동이 잘못됐다는 전제하에 하는 말로 들려요.
잘못될 수도 있죠. 그렇지만 제 인생이고 지금은 실패해도 얻
는 것도 많을 텐데, 그런 부분은 인정하지 않는 것 같아서 듣
기 싫어요.

호승 : 저도 비슷해요. "네가 이렇게 됐으면 좋겠다. 이렇게 되라". 한
번씩 지나가는 말로 "너도 공부 열심히 하면 의대 갈 수 있어"
하고 기세요. 홀리는 소리인데 기억에 계속 남아요. 돈 많이
벌 수 있는 직업이 의사니까 그렇게 되라고 강요하는 것 같아
요. 그게 싫어요. 저는 제가 되고 싶은 걸 해야 한다고 생각하
거든요.

은선 : "요새 좀 공부 안 하는 것 같다?" 그런 말 들으면 뜨끔하면서
도 더 성질나요.

제작진 : 어른들에게 듣고 싶은 말 있어?

호승　："네가 그렇게 열심히 하는 줄 몰랐는데, 내가 오해해서 미안
　　　하다." 이런 말씀을 해주셨으면 좋겠어요.

은선　：이번 여름 보충 수업 때 하루 빠지고 친구들이랑 워터파크를
　　　가려고 했어요. 혹시 엄마, 아빠가 허락 안 해줄까봐 많이 고
　　　민했어요. 전날 조심스럽게 "아빠, 나 하루만 빠지고 놀러 가
　　　면 안 돼?" 하니까 아빠가 진짜, 흔쾌히 승낙해주시는 거예
　　　요. 그리고 하시는 말씀이 "아빠는 은선이를 믿으니까." 진짜
　　　그때 감동먹었어요.

영지　："나는 너를 믿는다", "할 수 있을 거야"라는 말을 듣고 싶어요.

해솔　："너는 뭘 하고 싶니?" 제가 하고 싶은 걸 먼저 물어보고 나서
　　　어른들이 바라는 걸 말해주시면, 저도 제 의견을 들어주니까
　　　타협해서 결정할 수 있잖아요. 그게 듣기 좋은 말 같아요.

종현　：그냥 "너니까." 이렇게 저 자체를 받아들여줬으면 좋겠어요.

호승　：작가 공지영의 책 중에 이런 제목이 있거든요. '네가 무엇을
　　　하든 나는 너를 응원할 것이다' 이 말을 듣고 싶어요.

은선　："은선이는 가능성이 많은 것 같다." 이런 말을 들으면 무슨 일
　　　이든 다 할 수 있을 것 같아요.

지원　："열심히 해", "힘내" 짧게 말하는 게 좋아요. 아, 물론 진심을
　　　담은 말로요.

정훈　："잘 지켜보고 있으니까 힘내"라고 한마디만 해주시면 진짜 힘
　　　이 많이 날 것 같아요.

일호　：부모님께 뭐 하고 싶다 하면 "어 그래?" 하면서 그거에 관한

정보도 주고 믿어주고 지지해주면, 정말 감동이죠.

교육부가 초·중·고등학생, 부모, 교사 등을 대상으로 설문한 결과도 비슷하다. 용기를 주는 말이나 자존감을 높여주는 말은 좋아한 반면 미래에 대한 부정적인 말이나 비교는 아이들에게 상처를 주었다. 부모는 무심코 하는 말인데 아이들은 그 말을 꽤 오랫동안 아프게 새겼다.

부모와 교사에게 가장 듣기 좋은 말 베스트 3

"정말 잘했어, 기특하다."
"네가 자랑스러워."
"잘했어. 넌 정말 열심히 한 거야."

가장 듣기 싫은 말 워스트 3

"쯧쯧, 한심하다.", "성적이 이게 뭐니?"
"공부 좀 해라. 커서 뭐가 될래?", "저거 누구 닮아서 그래?"
"왜 늘 그 모양이니?", "그 성적으로 대학 가겠니?"

말은 짧고 울림 있게!

소통은 일방통행이 아니다. 아이들 눈높이에 맞춘 쌍방향의 통행이 되어야 한다. 학교 생활이 아이들이 보내는 대부분의 시간을 차지하지만 가족과의 소통을 더 강조하는 이유는 가족의 소통 방식이 대물림되기 때문이다. 나쁜 대화 방식과 습관은 부모도 모르는 새 자식이 물려받는다.

최근 사회적으로 행복에 대한 관심이 높아지고 있다. 여러 기관에서 행복의 척도를 나타내는 행복지수를 정의해 발표하는데, 늘 이런 조사에서 우리 청소년들은 거의 꼴찌를 달린다. 물질적 행복도도 높고 교육 성취도도 높지만 주관적 행복지수는 낮다. "행복한가?"라는 질문에는 반 이상이 그렇지 않다고 답한다.

우리와는 반대로 주관적 행복지수를 조사하면 늘 상위권인 네덜란드는 아동 중심의 사회다. 네덜란드는 전 세계에서 부모가 자녀와 가장 많이 대화를 나누고 가족끼리의 유대감이 뛰어나기로 유명하다. 네덜란드 부모가 자녀와 유대감을 긴밀하게 유지할 수 있는 이유는 존중이다. 자녀가 감정을 솔직히 나타낼 수 있도록 격려하고 자녀의 의견을 존중한다. 자유는 해치지 않되 배려하도록 가르친다. 부모와 자식 사이의 유대감과 원활한 소통이 어린이와 청소년의 주관적 행복지수가 높게 나오는 주요 배경임은 참고할 부분이다.

말해줘서
고마워

짧지 않은 시간, 제작진과 대화를 하던 아이들은 공통적으로 부모든, 선생님이든, 자기의 속마음이나 고민을 어른들하고 이처럼 길게 얘기한 적이 없다고 했다. 그러면서도 어른과 대화할 시간이 필요하느냐는 질문에 그렇다고, 많이 필요하다고 대답했다. 아직까지도 어른은 다가가기 어려운 존재이지만, 대화를 할 때는 아이와 어른을 따로 보지 않았으면 좋겠다고 당부했다.

엄마 또한 처음부터 완벽한 엄마로 태어나지는 않는다. 아이를 낳고 키우면서 성장을 하고 비로소 엄마가 된다. 아이를 통해 어른이 다시 자라는 순간이다.

생각해보면 어른도 처음부터 어른으로 태어난 건 아니다. 지금의 아이들만 한 나이였을 때가 있고, 지금의 아이들과 비슷한 생각과 입장을 가진 적도 있을 것이다. 정서적으로 비슷한 시기를 겪었을 수도 있지만 지금은 그때와는 많이 달라졌다. 그것을 생각하지 않고 어른은 "나도 어렸을 때는 그랬어. 근데 커보니까 아니다"라는 말로 아이들의 생각을 재단하려고 한다. 어른 입장에서는 시행착오를 겪고, 나중에 후회할까 봐 안타까워서 하는 말이라고는 하지만 아이들은 스스로 여러 경험을 하고 결정할 수 있도록 존중해주기를 바라는 마음이다.

아이들이 가슴속 깊이 가지고 있는 두려움과 희망은 무엇일까. 촬영 중 아이들은 때로는 말보다 눈물이 앞서곤 했다. 아침 일찍 학교에 가고 밤이 깊어서야 집으로 돌아오는 일상에 하루 종일 책상에 앉아서 최소한의 소리만을 내며 생활하는 아이들은 태어나서 처음으로 어른들에게 길게 말해봤다고 했다. 말하는 것만으로 답답한 속이 뚫리는 것 같다고도 했다. 학생을 이해할 수 있는 어른이 있다는 것만으로도 얼마나 큰 위안이 되겠는가. 얘기할 수 있다는 자체만으로 말이다.

아이들이 털어놓는 장시간의 이 고백은 세상과 소통하는 첫걸음이고 그 고백을 통해 어른들도 성장하는 계기가 될 것이다.

"말해줘서 정말 고마워!"

· · ·

단단한 고치 안에서 웅크리고 있던 애벌레는
기나긴 인고의 시간을 거쳐 나비로 탈바꿈한다. 화려한 날갯짓으로
하늘을 향해 훨훨 날아오르듯이 아이들은 지금은 약하고 상처받는 존재이지만
언젠가 아름다운 나비가 되어 날아오를 것이다.
그래서 세상 모든 아이들은 잘난 아이들이다.

당당하고 꿋꿋하게
세상 속으로

교육대기획 10부작
학교의고백

어차피 세상은
혼자 헤쳐가야 하는 것

왜 진로 고민이 스펙 고민이 됐을까?

2009년에 제작된 〈세 얼간이〉라는 영화가 있다. 우리나라에서는 접하기 힘든 인도 코미디 영화다. 영화의 배경이 되는 인도는 우리와 같은 고속 성장을 이룩한 나라로, 영화에서 보여주는 교육 현실은 우리와 놀랄 정도로 닮아 있다. 엄격한 부모님의 결정에 따라 원하지도 않는 과에 입학한 주인공들은 좋은 직장에 들어가기 위해 스펙을 쌓는 데만 몰두한다. 주인공들은 공부가 세상의 전부가 아니라고 알려주는 친구로 인해 자신의 본래 꿈을 찾아 서서히 변해간다.

우리나라 취업 준비생들의 유행어 중에 '스펙 3종 세트', '스펙 8종 세트'라는 말이 있다. 취업에 필요한 각종 스펙을 빗댄 말이다. 1990년대

말까지 그럴듯한 기업에 들어가려면 학벌, 학점, 토익 점수에만 신경 쓰면 됐지만, 취업 대란이 일어나면서 더욱 다양한 스펙을 요구하게 됐다. 기업마다 요구 조건이 조금씩 다르기는 하지만 학벌, 학점, 토익 점수에 더해 자격증, 봉사 활동, 어학연수, 인턴 경력, 공모전 수상 경력까지 요구하는 추세다. 토익만으로 부족해 실무 회화 능력시험인 오픽OPIc 점수를 따거나 각종 컴퓨터 자격증, 한국사 자격증까지 최대한 자신의 스펙을 더 채우고자 노력한다.

남들보다 빨리 스펙을 준비해야 한다는 위기감 탓에 스펙을 준비하는 연령도 점점 낮아지고 있다. 대입 전형을 걱정해 초등학생 때부터 각종 학원을 전전하며 스펙 쌓기에 골몰하는 경우도 많다. 부지런한 부모들은 초등학생 때부터 수십만 원을 들여 선행 학습을 시키거나 대학생이 주로 응시하는 어려운 자격증 시험 훈련을 시킨다. 대입 수시 전형에 필요한 포트폴리오를 준비하기 위해서다.

조기에 다양한 스펙을 쌓으면 진로를 선택할 수 있는 폭이 넓어져 그만큼 유리하지 않을까? 스스로 진로를 결정하는 시기도 빨라질 테니까 말이다. 그러나 한국, 미국, 일본, 중국 청소년의 생활 실태를 비교한 연구를 보면 예상과는 차이가 난다. 한국청소년정책연구원에서 만 19~24세 남녀 6천 명을 대상으로 조사한 결과에 따르면, 우리나라 청소년은 이 네 나라 중 독립성과 진로 결정성이 최하위를 기록했다. 스스로 진로를 결정하지 못하고 부모나 교사에 의존하는 청소년이 많다는 뜻이다. 우리나라 청소년은 진로 고민은 가장 높지만(한, 미, 일, 중 순) 구직 및 취업 경험 비율은 가장 낮았다(미, 중, 일, 한 순). 다른 나라 청소년은 아르바이트를 통해 직업 체험을 하고 자신의 인생을 책임지는 경험을 하지만 우리나라 청소년은 진로 준비, 행동, 역량 등이 다른 나라에 비해 떨어진다는 것이다. 명문대를 목표로 입시 제도의 울타리 안에서 공부만 강요당하는 우리 교육의 한 단면이라고 생각하면, 위의 결과가 놀랍지만은 않다.

꿈꿀 수 있는 기회를 돌려주기를

『제3의 물결』의 저자인 앨빈 토플러는 "필요하지 않은 지식과 정보를 학습하느라 시간을 낭비하고 있다"며 한국 교육 문제에 일침을 가한 적이 있다. 미래 성장 동력인 청소년들에게 과거 산업 시대의 낡은 교육을 유지한다는 것이다. 아이가 하고 싶은 일, 잘할 수 있는 일에 집중하고 그에 필요한 지식과 정보를 습득하는 것이 중요하다는 걸 알면서도 부모는 공부를 하고 좋은 대학에 들어가야 행복하다는 공식을 버리지 못한다.

모두가 같은 길을 간다고 정답은 아니다. 일률적인 서열주의 교육에 함께 동참해 악순환을 겪을 필요는 없는 것이다. 적성에 맞지 않는 아이에게 과도한 교육을 실시하면 오히려 부자용만을 초래할 뿐이다. 아이가 원하는 진로를 위한 적성 개발과, 잠재능력을 발견할 수 있도록 적극적으로 도와야 한다. 그 길이 오히려 미래를 준비하는 더욱 현실적인 대안이 될 수 있다.

아이들은 꿈이 자주 변한다. 보고 듣는 정보가 제한적이기 때문이다. 어렸을 때는 슈퍼맨과 같은 만화 속 영웅이 되겠다고 했다가 며칠 지나 아이돌 가수가 되겠다고 한다. 새로운 정보가 들어오고 다양한 경험을 하면서 기존의 꿈도 새롭게 업데이트된다. 꿈이 바뀌는 과정을 여러 번 거치면서 자연스럽게 자신이 좋아하고 잘하는 한 가지를 찾아나가게 된다.

교육은 자신의 적성에 맞는 진로를 찾는 교육을 해야 하지만, 우리 교육은 성적에 맞춰 진로를 결정하는 진학 교육에 가깝다. 요행히 대학에 들어갔다고 해도 자신이 무엇을 하고 싶은지 몰라서 '취업 희망 직종이 없다'고 말한다. 자신의 적성에 맞지 않아 헤매거나 포기하는 등 실패 경험부터 쌓는 셈이니 국가적으로도, 개인으로도 큰 낭비다.

무엇보다도 진로 선택권을 아이에게 돌려줘야 한다. 교육은 꿈을 찾고 미래를 찾는 과정이다. 진로는 삶을 결정하는 자기 선택권이지만 많은 아이들이 자신의 진로 선택권을 주변 상황이나 부모에게 빼앗기고 있다. 새로운 직업군을 찾는 아이의 생각이 못미더워보일지 몰라도 아이는 아이 나름대로 고민을 한다.

직업을 가진다는 건 사회 생활을 하면서 돈을 번다는 것뿐 아니라 사회 속에서 당당하게 한 사람으로서의 역할을 한다는 뜻이다. 그래서 전문가들은 진로 교육은 30년을 내다보는 교육이 되어야 한다고 말한다. 또한 스스로 어떤 일을 할 것인지 탐색하고 성찰하는 과정이 충분하지 않으면 오래가지 못한다고 지적한다.

자신의 적성과 재능을 빨리 찾으면 더할 나위 없지만, 대다수의 아이들은 자신의 진로를 쉽게 정하지는 못한다. 가장 중요한 건 주변의 권유, 정보 등을 탐색하고 고민한 끝에 이 길이 최선이라고 생각할 때 진로를 결정해야 한다는 점이다. 무엇보다도 진로 선택 과정은 아이들이 사회 속에서 당당하게 서고 꿈을 이루기 위한 디딤돌이 되어야 한다.

돈을 번다는 것의 의미

살아가는 데 사람들이 가장 우선하는 것은 무엇일까? 무엇을 가장 큰 가치로 두느냐에 따라 가치관이 달라지고, 직업 선택이 달라진다.

전문가들은 진로 고민은 이르면 이를수록 좋다고 말한다. 스스로의 가능성에 도전하고 구체적으로 계획할 수 있는 기회가 그만큼 많아지기 때문이다. 하지만 어떤 이들에게는 자신의 가능성을 찾고 꿈을 실현하는 일이 버거울 수 있다. 현실의 벽 때문일 수도 있고 아직 우리 교육은 대다수의 아이들이 정말 하고자 하는 일을 찾고 할 수 있는 것에 대해 실질적으로 기능을 못하고 있기 때문이기도 하다.

하지만 여기, 그동안 우리가 주목하지 않았던 아이들의 이야기를 해보려고 한다. 보통의 아이들도 진로에 대한 고민은 버겁기만 하다. 일반적인 인식에서 생각하자면 아직도 미래가 혼란스럽고 더 많은 성공과 실패를 경험해야 할 나이에 자기 몫을 해나가야 하는 학생들이 있다. 이 아이들은 또래 아이들이 교복을 입고 학교에 가는 시간에 학교를 떠나 일터로 향한다. 보통은 한창 수업을 할 시간에 텅 빈 학교는 그대로 침묵에 싸인 채 지녁에 일을 마치고 돌아올 아이들을 기다린다. 이 학교는 전교생 100명 남짓에 선생님이 13명인 부천실업고등학교다. 경기도 부천시 공장지대의 좁은 골목길에 자리한, 힘없고 소외된 아이들이 찾는 학교다.

부모님에게 용돈을 받아쓰는 또래 아이들과 달리 이 아이들은 낮에는 돈을 벌고 밤에는 학교에 다닌다. 대부분 기숙사 생활을 하고, 부천

부천실업고등학교 아이들의 꿈, 그리고 고백.

근교의 조그마한 사업체나 음식점에서 일을 한다. 제 나이답지 않게 벌써 철이 들어버린 아이들은 누구의 손을 빌리지 않고 스스로 돈을 벌어 공부하고 먹고 입고 자는 생활을 꾸려나간다.

푸름이의 꿈

이 학교 학생인 푸름이는 원래는 축구 선수였다. 어려운 형편에도 꿈을 위해 묵묵히 어려움을 극복해나갔지만 부상을 당하면서 축구를 그만둬야만 했다. 축구만 바라보고 축구 선수를 꿈꾸던 푸름이에게는 날벼락이었다. 절망도 하고, 방황도 했다. 그리고 마음을 다잡은 푸름이가 선택한 곳이 바로 부천실업고다.

푸름이에게 일하는 건 먹고사는 문제다. 제작진이 "꼭 일을 해야 돼?"라고 묻자 푸름이는 덤덤하게 대답한다.

"먹고 살아야 하니까 해야죠. 가정 형편이 안 좋으니까. 집도 어려운데 손 벌리면 미안하잖아요."

이 아이들에게 돈의 가치는 어떤 의미로 다가올까?

환경이 그렇게 만들었다고는 하나 속된 말로 자기 밥벌이는 하는 아이들이다. 하지만 그런 아이들을 바라보고 있노라면 이상하게도 기분이 마냥 좋지만은 않다. 한창 뛰어놀고 싶을 나이에 직장 생활을 하는 아이들을 보면 가슴 한쪽이 먹먹해진다.

교실 게시판에 붙은 미납금 안내장을 보면, 이들에게 돈의 의미가 무엇인지 확실히 다가온다. 돈은 곧 삶이다. 2천 원은 한 끼 밥값, 2천 원을 벌지 못하면 한 끼 밥값이 밀리게 된다. 남들에게는 그리 큰 돈이 아닐지 몰라도, 2천 원짜리 밥값을 못 내면 어디에도 도움을 청할 데가 없는 아이들이다. 그나마 세 끼 밥값을 조금씩 지원해주던 기업이 지원금을 끊겠다고 통보를 해오면서 아이들은 세상이 어디에도 기댈 곳 없는, 혼자 사는 곳이라는 걸 온몸으로 느낀다.

학생 대다수가 기숙사 생활을 하는 이곳에서는 밥값뿐 아니라 기숙사비가 밀린 아이들이 수두룩하다. 6개월치 48만 원을 밀린 아이도 있고, 12만 원을 밀린 아이도 있다. 부모와 전화 통화가 안 되어서 그런 경우도 있고 부모가 기숙사비를 해결할 능력이 없어서 그런 경우도 있다. 어쨌든 부모에게서 경제적인 지원을 받을 수 없는 아이는 아이 스스로 벌어야 한다. 아이들이 일찌감치 생활 전선으로 뛰어들게 된 이유다. 선생님들은 1학년 때부터 졸업할 때까지 꾸준하게 돈을 모으면 자기 밥값뿐 아니라 1,500만 원은 만들 수 있다고 아이들을 설득시킨다. 1,500만 원은 사회에 나가서 자기 혼자 누울 수 있는 조그마한 방을 마련할 수 있는 최소한의 자립 자금이다. 선생님의 설득으로 조금씩 취업 전선에 뛰어들어 이제는 최소한 제 밥벌이는 하는 녀석들이다.

일찌감치 돈을 버는 게 자기 삶이 되어버린 아이들에게 '돈을 번다'는 것의 의미는 무엇일까?

돈을 번다는 건 … 순간의 만족을 위함!

"지금부터 5분간 매점 문을 열겠습니다!"

저녁에 교내 방송이 울리기 무섭게 준천이가 준천이의 돈을 관리하는 선생님을 쫓아다니느라 바쁘다. 버는 돈의 대부분은 준천이의 간식비로 들어간다.

"준천아, 너 얼마 남았는지 알아?" 선생님이 준천이의 가계부를 보여준다. 어디에, 어떻게 썼는지가 한눈에 보인다. 준천이가 버는 돈은 월 11만 원. 한창 성장기의 아이라서 늘 배가 고프다. 하지만 힘들게 번 돈이 그렇게 사라지는 걸 보니 선생님도 안타까운 마음에 잔소리를 늘어놓는다.

인생 선배인 선생님은 성장기에 계속 배고프다는 아이가 안쓰럽기도 하고, 한편으로는 키가 크려나 싶어 못이기는 척 만 원짜리 두 장을 건네주지만 선생님이 해주는 말에 알았다고 대답하면서도 말뿐인 것 같아 선생님은 근심이 떠나지 않는다.

돈을 번다는 건 … 세상의 각박함을 알려주는 것

호정이의 일터는 학교에서 버스로 20분 남짓한 거리에 있다. 호정이가 일하는 곳은 기계에 들어갈 부품을 세척해 상자에 담아놓는 게 주 업무인 공장이다. 부품을 뺀 다음에 버튼 한 번 누르면 끝나는 단순 작업이라고는 하지만 아침 9시부터 하루 8시간 동안 같은 동작을 반복하는 작업이라 생각보다 고되다. 여기서 일한 지 이제 두 달 남짓 된 터라 아직까지도 일이 쉽다고 느껴지지는 않는다. 아직도 '뭐가 뭔지' 몰라서 다른 사람이 시키는 것 위주로 열심히 하려고 하지만, 서툰 손놀림 때문인지 돌아오는 건 모진 꾸중뿐이다. "돈 벌어보니까 어때?"라고 묻자 칼바람 같은 대답이 돌아온다.

호정이가 사회에서 느끼는 건 저임금, 고강도, 저학력의 삼중고다. 전에 있던 물류 회사에서는 얼마 되지 않는 임금도 떼어먹고, 툭하면 야간학교라고 무시당했던 아픈 상처가 있다. 잘하려고 마음먹어도 돌아오는 건 위로와 격려가 아니라 주위의 냉소뿐이었다는 호정이는 회사에 다니면서 세상은 생각만큼 좋은 곳이 아니라는 걸 깨달았다고 했다.

실업계 학생 대다수는 현장 실습이라는 이름으로 일찌감치 일을 시작한다. 인문계 고등학교도 규정상 아르바이트가 금지되어 있지만 방학을 이용해 아르바이트한 경험이 3명 중 1명꼴이다. 돈도 벌고 사회 경험도 쌓고, 일석이조의 일자리처럼 보이지만 아르바이트를 하는 아이들은 '학생은 공부를 해야 한다'는 어른의 시각에서 자유롭지 못하다. 임금은 시간당 최저 임금인 4,580원을 넘기 힘들고, 그나마 학생인 점을 악용해 임금을 체불하거나 수습 딱지를 붙여 최저 임금에도 못 미치는 시급을 받는 경우도 많다. 다짜고짜 욕을 하거나 일이 서툴다고 구박을 당하기 일쑤다.

한창 학교에 있을 나이에 일찌감치 생활 전선에 뛰어든 아이들은 제 스스로 돈을 벌면서 냉정한 사회의 일면을 본다. 비록 적은 돈이지만 자기 생활을 스스로 해나가는 것은 분명 자부심을 느껴도 될 부분이다. 하지만 스스로 번 돈을 함부로 쓰지 못할 만큼 돈의 소중함을 느끼면서도 간식의 유혹을 이기지 못하고 야금야금 돈을 다 써버리고 후회하기도 한다. 또한 열심히 하려고 해도 끊임없이 날아오는 사장의 꾸지람과 호통도 너끈하게 견디기엔 아직은 서러움이 더 큰 나이다. 이처럼 학생 신분인 아이들이 보는 세상은 호락호락하지 않다.

부당한 세상에 화내기

월급날

이번주 금요일은 월급날,
벌써부터 기분이 째진다

삼일 뒤는 월급날
기분이 더 째진다

내일 모레는 월급날
기분이 완전 업됐다

내일은 월급날
정신줄을 놓기 시작했다

오늘은 월급날

받은 돈은 구만육천백팔십 원
기분이 잡친다

‘월급날’은 서글픈 직장인인 아이들의 하루가 고스란히 배어 있는 시다. 이처럼 문학 수업은 아이들의 울분을 토해내는 시간이다. 오늘의 주제는 ‘회사에서 겪은 부당한 일’. 회사원으로서 고충을 떠올리는 건 끝도 없다. 일을 제대로 안 한다며 머리를 때린 일, 막내라고 만날 일보다도 청소나 빨래를 시킨 일, 쇠 가는 일을 하다 불꽃이 튀어 작업복도 아닌 일상복에 구멍이 난 일 등 회사를 다니면서 열 받은 일과 거기서 들었던 매몰찬 말을 아이들은 봇물 터지듯이 쏟아냈다. 그때의 화난 마음은 시간이 지나도 쉬이 가라앉지 않는다.

세상에 부당함을 느낀 아이들은 때로는 그 화를 참지 못하고 다른 식으로 감정을 풀기도 한다. 출근 시간이 한참 지나도 학교에 남아 땡땡이를 치거나 가끔 꾀 부리고 결근을 한다. 거기서 더 나아가면 힘든 직장 일을 견디지 못하고 스스로 그만둔다.

사람에게는 다양한 감정이 있지만, 우리는 유독 화에는 예민하게 반응한다. 다양한 감정을 진솔하게 표현하는 사람이 감정적으로도 건강하다. 아침에 일어나자마자 “짜증나”로 시작해 잠들 때까지 세상에 짜증을 내기도 하고, 욕지거리를 하고 상대에게 실망하고 때로는 애꿎은 사람에게 분노를 폭발시킬 때도 있지만, 화를 잘 다루면 억울하거나 상처받은 자신의 마음을 보호해줄 수 있다. 학벌이 부족하고 아직 어려 서툴기만 한 나이, 한치의 실수도 용서 없는 차가운 사회에 아이들은 결근을 하거나 꾀병을 부리는 식으로 소극적으로 반항한다. 이럴 땐 선생님도 딱히 뭐라 할 말이 없다. 상처난 아이들의 마음을 그저 다독거릴 뿐이다. 선생님도 아이들이 느끼는 불합리한 세상에 화를 내는 방법은 그것뿐이라는 점을 안다.

마음 둘 곳 없는 하루, 방황하는 열일곱 살

부천실업고의 아이들 대다수는 기숙사 생활을 한다. 아침 7시면 선생님들이 기숙사 방마다 돌아다니며 한바탕 기상 소동을 벌인다. 남은 잠을 쉽게 떨치지 못하는 아이들을 보고 "안 일어나? 뽀뽀해 달라고?" 하고 선생님의 투박한 엄포가 더해지면 그제야 아이들은 부스럭거리며 일어난다. 겨우 눈을 비비고 일어선 아이들은 씻고 단장하느라 분주하고 아이들이 떠난 자리는 완전 초토화되어 있다. 그렇게 깔끔하게 단장한 아이들이 가는 곳은 교실이 아니다.

한창 학교에 갈 시간인 아침 8시 20분. 이 아이들은 출근을 준비한다. 고등학생이라면 한창 아침 자습할 시각에 아이들은 버스를 타고 20분 남짓 걸려 직장에 출근한다. 일을 마치는 시각은 5시, 학교에 돌아오면 늦은 수업이 시작된다. 이 아이들이 기숙사에 다시 들어가 고단한 몸을 누이는 시각은 밤 11시. 하지만 아직 하루가 끝난 건 아니다. 자주 배가 고프고, 먹고 싶은 것도 많을 나이의 아이들을 위해 5분간 매점 문을 연다. 따로 좋은 간식을 챙겨줄 형편이 못되는 탓에 매점 문을 열면 아이들은 라면 한 젓가락으로 지친 허기를 채운다. 그리고 10분 후, 취침 소동을 하고 아이들이 잠자리에 들면 힘들었던 하루가 끝이 난다.

아직 취업이 결정되지 않은 아이들은 다른 아이들이 회사에서 일하는 동안 할 일이 없다. 기숙사에서 나와 끼리끼리 어울려 노는 것도 잠시다. 놀다 지치면 과학실에 시체처럼 널부러져서 교실의 볕 좋은 책상을 한 자리씩 차지하고 잠을 청한다. 살아가려면 일을 해야 한다는 걸 잘 알지만, 이 시간만큼은 힘이 나질 않고 지루하기 짝이 없다.

그런 아이들을 다독거리는 건 역시 선생님. 밥 때가 되자 선생님이 여기저기 책상에 등을 붙이고 누운 아이들을 깨운다. "애들아! 일어나 짜장면 먹으러 가자." 선생님의 소리에 잠을 깬 아이들은 "배고파요" 하며 일어나고, 미처 소리를 못 들은 아이는 옆에서 깨워준다.

"인생 자체가 피곤한 거예요. 수업 시간에 자고 낮에 과학실에서도 자고 계속 자는 거예요. 기운 자체가 피곤하니 피곤할 수밖에요. 마음이 너무 짠해요. 그 아이들을 혼낼 수도 있고 백 마디 말로 야단칠 수도 있죠. 하지만 진짜로는 애들을 하나하나 다 안아주고 싶어요."

– 김진호 선생님

믿음,
더디지만 조그만 변화

학교에 돌아오지 않는 아이들

초여름, 장마가 시작된 날. 김진호 선생님이 뭔가를 서두르는 모양이다. 급히 가는 뒷모습이 큰 사건이 터진 건 아닌지, 짐작하게 한다. 부천실업고 학생이 경찰서에 있다는 전화를 받고 급히 가는 중이다. 아이들이 근처 고등학생들과의 다툼에 휘말린 모양이다. 다행히도 선생님의 중재 아래 잘 해결됐다. 상대편에서도 처벌을 바라지 않고 좋게 끝나기를 바란다고 전해왔다. 그제야 줄곧 굳어 있던 선생님의 표정이 풀렸다.

마음속 상처가 아물지 않은 아이들은, 맑다가도 금세 흐려지는 날씨처럼 변덕스럽다.

아이들을 데리고 무사히 학교로 돌아온 선생님은 일단 아이들 밥부터 챙긴다. 긴장이 풀리자 허기가 밀려온 때문일까, 꾸역꾸역 밥을 밀어넣는다. 선생님도 같이 밥을 밀어넣는 사이, 예의 잔소리가 시작된다. 원래 부모님이 대신해야 할 잔소리를 선생님은 아끼지 않고 아이들에게 퍼붓는다. 밥이 넘어갈까 싶은데 아이들은 밑바닥까지 싹싹 긁어 밥을 우겨넣는다.

아무 데도 정을 붙이지 못하고 갈 곳 없는 아이들은 학교를 빠지고 며칠씩 PC방과 찜질방을 전전하다 돌아오기도 한다. 이런 아이들을 보면 선생님은 마음으로는 꼭 안아주고 싶어도 다시 무단외박을 하지 않도록 매섭게 혼을 낸다. 이번에도 기숙사 무단외박과 무단결석을 한 네 아이들의 처벌 수위를 두고 1, 2, 3학년 전체 담임 회의가 열렸다. 아이들을 불러 다시 얘기를 들어보고 설득하자는 온건파 선생님도 있지만, 스스로 변화 의지도 없고 매번 같은 사고만 치는 아이들까지 굳이 끌고 가야 하느냐는 강경파 선생님도 있다. 처벌 수위를 둘러싼 논란은 날이 저물도록 쉽게 결론이 나지 않다가 근신 처분이 내려졌다. 기숙사를 무단외박한 수정이는 화장실 청소, 세 번을 무단결석한 한준이는 교실 청소다. 수정이와 한준이처럼 돌아오면 그나마 다행이지만, 몇 달이 지나도 아직 돌아오지 않은 녀석들도 있다. 1학기가 다 가도록 적응하지 못하는 아이들 때문에 선생님들의 고민도 깊어진다.

학교는 변함없이, 언제까지나 학생들을 믿고 기다려야 하는 걸까. 학교가 학생을 변화시키기 위해 줄 수 있는 최소한의 것은 무엇일까? 어긋난 아이들을 바라보는 선생님의 대답에 학생에 대한 믿음이 주는 무게가 실려 있다. 무조건적인 믿음으로 아이들이 바뀌리라고 맹신하기는 어렵지만 학교 밖에서도 아이들이 기댈 수 있는 단단한 울타리가 되어

준다면 또 다른 발전 가능성을 보여주리라고 확신한다.

"아이들은 확 바뀌지 않아요. 어른들도 어디 한 번에 확 바뀌나요? 어쩌다가 바뀌는 녀석이 있으면 다행이죠. 내 새끼들 잘 키우려고 집에서 아무리 잘해줘도 금방 바뀌지 않잖아요. 게다가 학교에는 몇십 명이 있는데 한두 명한테 좀 잘해줬다고 그 아이가 우리 선생님이 나를 참 좋아하나봐 하면서 바뀐다면 거짓말일 거예요. 대신에 아이들은 아주 조금씩 변해가요. 그래도 그 조그만 변화에 기분 좋아져요."

– 김진호 선생님

학교는 아이를 보호하는 최소한의 울타리

오후 4시. 학교가 활기를 띠기 시작했다. 곧 등교할 아이들을 맞이하기 위해 선생님들이 부지런히 학교를 청소했다. 길고 고단했던 하루를 무사히 마치고 해가 뉘엿뉘엿해질 즈음, 아이들이 하나둘 학교에 돌아온다. 5시에 일을 마치고 온 아이들이 가장 먼저 가는 곳은 따뜻한 밥이 기다리는 학교 식당. 진수성찬은 아니지만 선생님들이 정성과 고픈 배가 맛있는 반찬이 되어준다.

"교육이라는 게 별건가요, 아이들을 돌봐주는 거지. 대다수의 아이들이 부모하고 떨어져 객지 생활을 하면서 회사를 다녀요. 일을 끝내고 와도 밥도 제대로 못 먹고 올 때가 많죠. 밥을 먹여야 애들이 든든하니

· · ·

"교육이 뭐 별건가요. 아이들을 돌봐주는 거죠."

까…. 애들이 밥 먹는 거 보면 대견해요.”

수더분하게 말씀하시는 교장 선생님의 말에 따르면 학교는, 밥을 주는 곳이다. 교장 선생님은 이 학교에 온 아이들을 '삶의 과정에서 떠밀려온 아이들'이라고 말했다. 한창 감수성이 예민한 나이에 또래 사회를 구축하고 '오로지 공부만 하라'는 부모의 든든한 지원을 받으며 생활하는 안정적인 삶과는 거리가 먼 아이들이다. 집에서도 외면하고, 사회에서도 받아주지 않아 갈 데가 없는 아이들이다. 꼭 때리고 짓밟고 신체적인 폭력을 휘둘러야 상처가 생길까. 가정과 사회, 사각지대에서 어디에서도 보호받지 못한 이 아이들의 현재 상황은 2차적인 사회적 폭력과 다름없다.

저녁밥을 먹고 나면 곧이어 수업이 시작된다.

1학년 수학 시간

“여러분 3+2하고 2+3하고 어때요? 같아요, 그죠? 바꿔서 해도 답이 똑같아요. 이걸 뭐라고 해요?”, “교배 법칙? 서로 바꾸는 걸 뭐라고 해?” 선생님이 지치지 않고 아이들이 바른 답을 낼 때까지 묻는다. “교차 말고 뭐죠?”, “교환! 그렇죠!”

어려운 형편으로 공부와는 멀어진 지 오래된 아이들이다. 고등학생이라고는 하지만 수학능력은 또래 수준에 비해 뒤처지는 아이들이 많다.

선생님의 역할은 아이들을 포기하지 않고 중학교 수학부터 다시 가르치는 일. 주눅든 공부에 조금이라도 자신감이 붙는다면 그걸로 충분하다. 하지만 밤이 깊어가면 몸은 점점 고단해지고, 졸음이 쏟아진다. 꾸벅꾸벅, 저절로 떨어지는 고개를 어쩔 도리가 없다.

이 아이들이 고단한 몸을 이끌고 수업을 듣는 목표는 단 한 가지, 졸업이다. 목표라고 보기엔 참 소박하지만, 졸업조차 하지 못하면 이 아이들은 어디에도 갈 데가 없다. 특수한 상황에 있는 아이들은 그렇다 치고, 아이들을 가르치는 선생님의 입장에서는 어떤 기분이 들까?

김진호 선생님에게 부천실업고는 특별하다. 교사의 본분인 수업 준비부터 아침에 기숙사 아이들 깨우기, 매점 운영, 기숙사의 취침 소등까지 언뜻 생각하기에도 쉴 틈 없는 하루를 보낸다. 왜 이 힘든 일을 하느냐는 제작진의 단순한 질문에 "그러게요" 하면서 특유의 너털웃음을 짓는다. 선생님은 부천실업고를 본 순간 전율했다고 한다. 그냥 여기서 교사를 해야겠다! 그 생각뿐이었다. 걸죽한 입담으로 가볍게 시작됐던 선생님의 이야기가 진지해지는가 싶더니 아이들을 향한 애틋한 감정들이 묻어나기 시작한다. 왜 선생님은 이곳이 아니면 안 되었던 걸까?

"때로는 후회가 되기도 해요. 여기보다 더 많은 급여를 받고 내 삶을 꾸려가고 싶다는 생각도 들죠. 하지만 저 아이들이랑 지내보면 알겠지만, 문득문득 가슴이 저려요. 사회가 아이들을 힘들게 하니까. 그걸 지켜보는 게 너무 힘들어요."

아이들 생각에 감정을 추스르지 못한 선생님이 잠시 말을 못 이었다.

저마다 사연이 있지만 여기에 온 아이들은 사회에서 소외된 존재들이다. 사회와 부모의 손길에서 멀어진 아이들을, 마지막으로 기댈 존재인 선생님마저 손을 놓으면 안 된다는 생각이 이 학교가 아니면 안 되게끔 만들었다. 항상 사람 좋게 웃음을 달고 살지만 아이들 이야기가 나오면 감정이 울컥, 올라올 때가 많다. 이어지는 제작진의 비수 같은 질문이 그만 선생님을 건드리고 말았다.

"선생님은 부모가 아니시잖아요."
"그게 제일 가슴 아파요. 그게."

울컥 올라오는 감정을 꾹 눌러 참던 선생님이 끝내 눈물을 흘리고 말았다. 선생님은 학생의 든든한 울타리가 되어줄 수는 있지만, 아쉽게도 이것은 유효 기간이 있다. 학교에 입학해서 졸업할 때까지의 3년뿐이다. 졸업을 하고 학교를 떠나면 선생님은 더 이상 학생들의 바람막이가 되어주지 못한다. 열성적이든 무심하든, 어쨌든 이 아이들에게는 부모가 있다. 선생님은 부모가 아니기 때문에 이 아이들을 끝까지 책임질 수 없다는 걸 통감한다.

운명과도 같은 선택에 후회 없을 줄 알았지만, 뜻밖에도 선생님은 이 직업을 선택한 걸 후회한다고 했다. 직업 자체가 주는 회의나 절망감 때문은 결코 아니다. "사실은 정말 아이들이 행복할 수 있고 아이들한테 필요하고 좋은 공간을 만들어주고 싶은데 그렇지 못해서" 오는 능력의 한계 때문에 후회된다고 했다. 그렇다고 어디, 아이들을 외면할 수 있을까. 아이들이 있기 때문에 외면할 수 없다고 말한다.

．．．

"아이들이 정말 행복할 수 있는 공간을 만들어주고 싶어요."

사회의 차가운 시선에 대응하는 법

부천실업고는 어엿한 학력 인정 학교지만, 이 학교를 바라보는 외부의 시선은 싸늘하다. 학부모의 긍정적인 문의 전화도 곧잘 오지만, 많은 학부모들이 자세히 알아보려고 시도하지도 않고 야간학교가 부끄럽다는 감정을 감추려고 하지 않는다. '낮에 일하고 밤에 공부하는 학교'에 덧입혀진 부정적인 이미지를 우려하다가 전화가 끊어지는 일도 꽤 있다. 학교도 다양해지고 아이들의 적성과 재능을 우선한다고 하지만 실업고에 야간학교라고 하면 다니기 부끄러운 곳이 되어버린다. 주변에서 학교 소문을 듣고 아이가 학교를 오고 싶다고 하는데, 부모 입장에서는 절대 찬성할 수 없으니 '인원이 다 차서 더 이상 학생을 받을 수 없다'고 거짓말을 해달라고 부탁하는 부모도 있다.

산업화 시대에 농촌에서 상경해 낮에는 공장에 다니고 밤에 공부하는 학교라는 인식도 옛말이다. 도시화되고 산업화되면서 가정이 몰락하거나 입시 경쟁에서 내몰려서 온 아이들이 대다수다.

낮에 일하고 저녁에 공부하는 아이들을 실패한 인생이라고 말하는 사람들도 있지만 그 말은 입시 경쟁 교육에 익숙한 사람들의 성공 기준일 뿐이다. 학벌을 따지는 경쟁 사회의 울타리 안에 있는 일반학교에서는 주변부만 맴돌고 자기 인생에서 주도적인 위치에 놓여 있지 못했던 아이들이다. 그런 아이들이 일을 하고 사회 생활을 하며 자신이 주인임을 깨닫는다. 타인에게 인정을 받고 제 몫을 하면서 자신의 존재를 깨닫는 것이다. 사장에게 야단을 맞고 그만둔 아이에게 다음부터 잘할 거라고 격려를 하고 용기를 주면 아이는 한 달을 버티고, 한 달이 곧 두 달이 되고 1년이 된다. 일 자체를 못 견뎌서 나가는 아이들도 있지만 대부분은 적응을 하며 경제적으로 독립을 하거나 최소한 자신에게 당장 필요한 건 스스로 해결한다.

선생님들은 부천실업고에 다니는 아이들을 밖으로 내몰린 아이들의 마지막 선택이라고 말한다. 학교를 운영하는 방식도 입시 경쟁 중심, 수업 중심이 아니라 생활 중심의 공동체에 가깝다.

돈 버는 이른 경험을 하고 있다고 하지만, 직업을 갖는다는 건 사회관계에서 인정받기 위한 노력이라고도 할 수 있다. 상사에게 꾸지람을 듣고, 적은 월급에 울분을 토하면서도 아이들은 돈을 버는 과정을 통해 내면이 단단해지고 나름대로 의식도 갖고 사회를 배운다. 실제로 아이가 잘하고 있는지 일하는 곳을 방문하면, 선생님은 우려와 달리 힘을 얻고 돌아가는 일이 많다고 한다. 학교에서 보는 아이의 모습과 일터에서 보는 아이의 모습은 차이가 있다. 달리 말은 하지 않아도 현장에서 마주치는 아이의 눈빛에는 에너지가 넘치고 힘이 느껴진다. 학교에서 보여주지 않았던 자신감과 당당함을 사회에서는 보여주는 것이다.

일한다는 건 그저 돈을 버는 과정이 아니라 자신의 새로운 모습을 발견하고 규칙적으로 자신의 삶을 만들어가는 과정과 같다. 그렇게 생활의 리듬이 잡힌 아이들은 몸은 피곤해도 놀 때는 놀고 잘 때는 자고 학교에서 공부할 때는 집중해서 공부한다. 시간이 걸리고 늘 똑같은 일이 반복되는 것 같지만 그 반복 속에서 아이들은 조금씩 성장하고 변한다. 그리고 자기를 찾아가고 자신감을 회복해가면서 자기의 목표를 펼칠 수 있도록 고군분투하는 아이들의 역사를 학교와 선생님은 묵묵히 같이 하고 있다.

세상을 향한 외침,
나는 잘난 아이들이다!

꿈은 가난하지 않다

인호는 지금 일하는 회사를 바꾸고 싶다. 실리콘을 인쇄하는 공장인데, 한여름 한낮의 더위를 견디기엔 너무 덥다. 성실하게 회사 생활을 잘하는 아이지만 점점 더워지는 날씨를 못 견뎌 회사 이직을 고민 중이다. 인호처럼 중간에 취업한 곳을 바꿔달라는 일은 드문 일이 아니다. 종종 있는 일이지만, 불만이 생긴다고 해서 일일이 아이들의 요구를 다 받아주기는 어렵다. 아이가 어떤 사정으로 이직하고 싶어하는지 모르기 때문이다. 평소 잘 생활했던 아이들은 다른 데 가서도 적응을 잘 하지만, 그렇지 않으면 회사를 옮겨도 사정은 마찬가지인 경우가 많다.

혜실이는 저 멀리 제주도에서 왔다. 엄마랑 동생은 다 제주도에 있고,

혜실이만 제주도에서 경기도로 혼자 왔다. 엄마도 그립고, 동생도 그립고, 고향이 그립다고 한다. 여름방학이면 고향에 갈 계획은 하고 있다. 선생님에게 다른 아르바이트 자리를 구해달라고 부탁해서 면접을 보고 온 그녀는 합격 통지를 기다리고 있다.

한 권의 책, 그 속에 품은 거대한 희망

수업 시간, 아이들이 운동장을 돈다. 더위에 지치고 졸음에 빠진 아이들의 등을 떠밀며 선생님은 아이들의 졸음을 깨우느라 애를 쓴다. 그런데 아까 봤던 기형이가 손에 책을 들고 나왔다. 손에 든 책은 주말에 치르는 시험에 대비한 책. 운동장 도는 시간을 쪼개 틈틈이 보기 위해서다. 기형이가 치르는 시험은 생활체육 지도사 자격증. 기형이의 꿈인 생활체육 지도사가 되기 위한 첫째 관문이다.

"트레이닝과 관련해서 인체에 호르몬이 어떻게 작용하면서 근육이 발생하는지" 줄줄 외는 기형이의 설명이 제법이다. 꽤 열심히 공부한 티가 난다.

기형이는 다른 아이들과 달리 학교 기숙사에 살지 않는다. 일을 하느라 뒤늦게 학교에 들어온 기형이는 그동안 돈을 모아 방을 한 칸 얻었다. 기형이는 지금 고양이와 함께 살고 있다. 학교를 졸업하는 내후년 4월까지 살게 될 이 집은 아담하지만, 기형이 몸 하나는 눕힐 수 있는 넉넉한 크기다. 여기서 기형이는 빨래도 직접 하고 청소도 하고, 고양이 식사도 챙겨준다. 있는 것보다 없는 게 훨씬 많지만, 그렇다고 기형이의 꿈조차 작고 가난한 건 아니다.

1학년은 긴장감이라고는 하나도 없는 소란스러운 상태지만, 본격적으로 진로를 고민하는 3학년이 되면 여느 일반학교와 비슷하다. 이 학교는 실업고이기는 하지만 많은 아이들이 늦게나마 대학 진학을 목표로 공부하기 때문이다. 목표가 생긴 아이들은 그 누구보다 열심이다. 그리고 한발 한발 꿈을 향해 내딛는 아이들의 모습이 야무지고 대견하다.

교육은 누구도 포기하지 않는다

OECD가 주관하는 국제 학력조사에서 종합 1등을 놓쳐본 적이 없는 나라인 핀란드. 핀란드 교육정책의 궁극적인 목표는 학력순위 1등이 아니라 단 한 명의 학생도 학업 부진으로 낙오되지 않게 하는 것이다. 전체 인구에서 천 명이 채 안 되는 학습부진아들을 위해 백억 원에 가까운 돈을 아낌없이 쓸 수 있는 핀란드의 교육철학은 지금 우리 사회의 교육 현실을 되돌아보게 한다.

아이들이 성장할 수 있는 가장 근본적인 수단은 교육이다. 배움을 통해 아이들은 미래의 꿈을 키우고 사회에서 쓰임 있는 존재로 자란다. 하지만 현 상황을 보면 안타깝게도 교육의 기회가 모든 아이들에게 평등하게 주어지지 않는다. '출발선이 다르다'는 것이다. 공정하게 이루어져야 할 경기에서 개인이 가진 사회적, 경제적 배경에 따라 다른 출발선이 주어지며 그에 따른 '불공정한 게임'의 결과를 받아들이도록 한다. 불공정한 게임은 그 사람의 지위, 소득을 결정짓는 결정적인 요인이 되고 아이들의 꿈까지 앗아가기도 한다.

　예전에는 어려운 환경 속에서도 꿈을 이룬 훈훈한 미담들이 신문 1면을 장식하는 것을 흔히 볼 수 있었다. 교육은 척박한 현실에서 꿈을 이루고 삶을 전환시키는 가장 강력한 무기가 되었다. 하지만 과거와 달리 이제는 부모의 사회·경제적 계층이나 소득 수준이 자녀 교육이나 진학, 진로 등에 큰 영향을 주어 교육 격차를 낳고 주도적인 대열에 끼지 못한 아이들은 교육의 무력감을 느낀다. 요즘은 사교육의 보편화로 인해 학교에서 교사들은 아이들이 모두 수업 내용을 안다는 전제하에서 수업을 나가기도 한다. 이 같은 문제로 인해 교육 격차가 심화된다. 과연 '이것이 평등하게 교육되고 교육받고 있는 것인가?'라는 의문을 가지게 한다. 사교육의 차이는 소득별 학업성취도의 차이를 가져오고 경쟁력이 떨어진 아이들은 타고난 환경을 등에 업고 멀리 가는 아이들을 그저 바라볼 수밖에 없게 한다. 더욱이 가난하고 소외받은 아이들이 꿈을 이루는 것은 더욱 절망스러운 상황이 되었다. 교육 양극화와 이에 따른 계층 고착화 현상은 이미 눈앞의 현실이 되어버린 것이다.

　하지만 어느 한 명 포기하지 않고 다 같이 일어서서 가자고, 지금 이렇게 주저앉으면 안 된다고 다독이며 격려해 일어서서 갈 수 있는 것이 교육이다. 차가운 현실에서도 아이들은 꿈을 꾸고 더 나은 삶을 기대한다.

　"어떨 땐 제가 너무 한심한 거예요. 무엇 하나 잘하는 게 없으니까요. 그런데 어느 날 선생님이 해주셨던 말이 계속 마음에 남았어요. 네 안에 가진 게 무엇이 있는지 궁금하지 않냐고, 그 말을 들었을 때 그냥 울컥해서 더 열심히 해야겠다고 생각했어요."

나비처럼 세상을 향해 훨훨 날아오르길

제작진이 부천실업고를 찾은 첫날, 아이들의 반응은 이상했다. 한 아이는 "왜 우리 학교를 찍느냐?"고 물었고, 한 아이는 독백처럼 "우리 학교를 왜 찍는지 모르겠어요"를 연발했다. 왜 이런 학교를 찍는지 전혀 이해가 안 가고, 몇 개월을 카메라와 동고동락한 뒤에도 납득하기 어렵다는 반응이다.

좋은 학교라고 하면 보통 외고나 공부 잘하는 학생들이 모인 곳을 떠올린다. 일반적인 생각으로 그렇다. 누가 뭐래도 우리에게 학교란 좋은 대학에 가기 위한, 하나의 방편과도 같으니까. 그런 좋은 학교들을 놔두고 기형이의 말마따나 "발버둥치는 아이들만 있는" 학교를 다시 보는 시선은 어떨까?

어떤 사람들은 이곳을 가난한 아이들의 학교라고 하고, 어떤 사람들은 갈 곳 없는 아이들의 학교라고 말한다. 이 아이들은 오로지 좋은 조건에서 경쟁을 하기 위해서가 아니라, 살기 위해서 발버둥을 치며 하루하루를 살아가는 아이들이다. 이곳에서 아이들은 다시 자라난다.

몇 개월간의 인터뷰를 마친 지금, 아이들은 우리 학교에 대한 생각이 바뀌었을까? 단출한 교실에서 가장 눈에 띄는 급훈인 '잘난 아이들'을 화두로 물어봤다. 무엇이 잘난 아이들인지를 짓궂게 묻는 제작진에게 잠깐 생각할 시간을 가진 아이들이 대답한다.

"모든 게 잘났어요."
"저도 그렇지만, 아침에 일하고 저녁에 공부한다는 게 진짜 대단한 것 같아요."

"일하고 공부한다고 누가 무시를 하든 기죽지 않는 것?"

"대부분 여기 오는 학생들은 가정이 힘들거나 생활이 어려운 그런 애들인 것 같아요. 그 아이들이 자기 자신이 못났다고 생각할까봐 잘났다고 격려해주는 거 아닐까요?"

"비록 보잘것없고, 남들처럼 잘 살진 않지만, 자기 자신한테 떳떳하고 행복하게 살라고요."

"이 학교 다니면 가난하고 불쌍한 아이들이라고 생각할 수 있는데요, 그런 학교가 아니라 그냥 열심히 살아가는 애들 중에 하나라는 생각을 가지고 봐주었으면 좋겠어요."

아이들의 지금 현실만을 보지 않고 미래를 함께 바라보는 선생님의 생각도 아이들과 다르지 않다.

"우리 아이들이 잘났으니까, 분명히 잘날 거니까요. 그리고 앞으로 잘날 수 있으니까. 우리 아이들이 항상 하는 말이 '전 안 돼요'라고 해요. 자기가 자신을 안 된다고 말한다니까요. 네가 왜 안 되냐고 물었더니 다들 '전 안 된다고 그랬어요. 부모님도 그랬고요, 옛날 선생님도 그랬어요'라고 해요. 하지만 그렇지 않거든요. 제가 아이들에게 바라는 건요. 자신이 일한 만큼 사회에 당당하게 요구하고 그걸 받으면서 살아가는 사람이 되는 거예요."

– 김진호 선생님

"누구도 침범할 수 없는 정말 잘난 우리 아이들!"

"'난 못났다', '난 공부도 못하고', '실망스러워', '난 필요 없는 존재인가', '난 왜 태어났을까' 이런 생각을 가진 아이들에게 반대로 '사실 너희들은 그렇지 않아. 너희들은 인정받을 수 있는, 누구도 침범할 수 없는 고유한 존재야', '너희들은 정말 잘났어!'라는 의미죠."

– 박수주 선생님

단단한 고치 안에서 웅크리고 있던 애벌레는 기나긴 인고의 시간을 거쳐 나비로 탈바꿈한다. 화려한 날갯짓으로 하늘을 향해 훨훨 날아오르듯이 아이들은 지금은 약하고 상처받는 존재이지만, 언젠가 아름다운 나비가 되어 날아오를 것이다. 그래서 세상 모든 아이들은 '잘난 아이들'이다.

나는 나비

내 모습이 보이지 않아 앞길도 보이지 않아
나는 아주 작은 애벌레
살이 터져 허물 벗어 한 번 두 번 다시
나는 상처 많은 번데기

추운 겨울이 다가와 힘겨울지도 몰라
봄바람이 불어오면 이제 나의 꿈을 찾아 날아

날개를 활짝 펴고 세상을 자유롭게 날 거야
노래하며 춤추는 나는 아름다운 나비

날개를 활짝 펴고 세상을 자유롭게 날 거야
노래하며 춤추는 나는 아름다운 나비

– 윤도현 밴드의 '나는 나비' 일부 가사

우리에게 놓여진 수많은 문제들이 하나의 정책이나 제도로 변하기는 힘들다. 교육은 심적으로나 물질적으로나 풍요로운 삶으로 가기 위한 인간의 기본적인 권리임을 모두가 알고 있다. 기본적인 권리가 지켜지기 위해서는 정부에서나 지역에서 교육에 대해 지속적인 투자가 필요하다. 사회로 당당하게 나아가고 싶은 아이들을 지켜주기 위해서는 모두의 관심이 모여 학교가 아이들을 품는 가장 큰 울타리가 되어야 한다. 또한 단순한 스펙 쌓기의 교육열이 아닌 아이 안에 무엇을 가지고 있는지를 볼 수 있는 기다림과 체계적인 탐색의 과정이 바로 우리 아이들에게 돌려주어야 할 꿈의 기회다. 세상에서 가장 잘난 우리 아이들을 위해.

· · ·

우리는 거리의 교실에서, 학교의 현장에서,
많은 사람들이 꿈꾸는 학교 이야기를 들었다.
예비 부부, 현직 교사, 학생, 자녀를 둔 학부모가 말하는
다양한 요구들을 모아 세상을 가장 건강하게 만드는 좋은 방법은
학교를 다시 세우는 것이다.

세상을 비추는 창,
선생님의 고백

시대가 바뀌어도 변하지 않을
선생님의 가치

엄마, 아빠 어렸을 적엔

시간을 거슬러 부모가 지금 아이들만 했을 때, 부모는 학교를 어떤 모습으로 기억할까?

1970년대의 학교는 어딜가나 포화 상태였다. 한 반의 학생 수는 70명이 넘는 과밀 학급, 아이들을 감당하지 못한 학교는 교실을 오전반·오후반으로 나누었다. 교실은 하나지만, 주인은 둘이었다. 남자와 여자가 짝꿍이 되면 책상 가운데는 금이 생겼다. 금을 그어놓고 지우개가 넘어오면 딱밤 한 대씩을 때렸다. 책상 따먹기를 해서 시험 성적이 더 좋은 아이가 더 많이 책상을 차지하기도 했다.

초등학교에 갓 입학한 아이는 한 가지 국정 교과서로 수업을 했다. 중학교에 가면 선도 완장을 찬 선도부가 학교 교문 입구에서부터 두발과 복장 단속을 했다. 전쟁에 대비한 교련 시간에는 화생방 훈련, 붕대 감는 법 등을 배웠다. 말 안 들으면 딱딱한 출석부 모서리로 머리를 맞는 건 예사였다.

학교 급식 대신 아이들은 집에서 싸온 도시락을 먹었다. 보리밥이나 잡곡밥 등 혼식을 장려하고, 선생님은 점심 시간에 기습적으로 도시락을 검사했다. 엄마는 새벽같이 일어나 손수 만든 멸치조림, 계란말이, 김치, 운 좋으면 소시지를 반찬으로 올려줬다. 보온 도시락도 없었고, 플라스틱도 보기 힘들어 너도나도 양은 도시락이었다. 아이들의 영양을 생각해 2교시가 끝나면 우유 급식도 있었다.

1970년대 초반 학생들은 교복을 입었다. 지금처럼 학교별로 개성 있는 옷차림이 아닌, 오로지 검정색 교복 하나였다. 남학생은 빡빡머리, 여학생은 단발머리에 흰 양말. 전국 어디서나 똑같았다. 1980년대 들어서면서 교복 자율화가 시작되고 학생들의 옷차림도 유행을 타기 시작했다. 외국 유명 팝밴드들의 LP 판을 구하기 위해 청계천 헌책방 상가를 돌거나 불법 복제 음반을 구하러 돌아다니던 학생들은 카세트 테이프에 자신이 좋아하는 노래를 채워 들었다. 논다 하는 친구들은 롤러 스케이트장에서 시간을 보냈다. 신나는 유로 댄스를 들으며 미팅을 했고 롤러 스케이트를 굴리며 스트레스를 풀었다. TV를 마음대로 볼 수 없는 아이들의 최고의 애장품은 라디오였다.

1990년대가 되자 혜성과도 같은 아이돌이 출연했다. 전문가들은 형편없다고 혹평했지만 훗날 청소년들의 대통령이 된 서태지와 아이들이었다. "난 알아요!"나 "됐어, 됐어. 그런 가르침은 됐어"와 같은 중독성 강한 멜로디와 강렬한 메시지는 어른의 권위에 대항하지 못했던 학생들에게 통쾌함을 선사했다.

학생인권조례가 생기기 전, 선생님들은 반항적인 아이들에게는 모진 매를 가했다. 일명 사랑의 매였다. 힘들고 억압받았던 기억도 있지만 그래도 학교는 우리 기억 속에 희망이 숨쉬는 따스한 정서가 스며 있었다.

"당신에게 학교란 무엇입니까?"

제작진은 서울 광화문에 교실을 세웠다. 급훈과 대한민국 지도, 분필 먼지 풀풀대던 교실, 솜씨 자랑이 있는 세월 저편의 교실을 불러냈다. 양은 도시락을 놓고 철수와 영희가 나오는 국정 교과서를 올려두었다. 사람들이 구경삼아 옛 교실에 모여들었다. 제 덩치보다 훨씬 작은 걸상에 앉아보는 어른, 풍금의 흰 건반을 눌러보는 신세대 학생, 꼬마 아이를 나무 걸상에 앉히는 어른에게 물었다.

"어떤 것이 기억나나요?"
"다시 만나고 싶은 분이 있나요?"

사람들 기억 속에 남아 있는 학교, 그 기억 속에서 바라는 학교의 모습을 들여다보았다. 그리고 우리는 기억 속에 존재한 선생님들을 만나보기로 했다.

체벌은 내려놓고, 관심은 높이고

마음에 남는 선생님을 묻다

성함은요, 조광희 선생님이세요. 생활상담부 부장님이신데 생활지도의
달인이세요. 아이들한테도 재미있고 일이 무척 많으셔서 힘든 점도 있
으실 텐데 항상 아이들을 배려하세요.

생활지도를 아침맞이로 바꾼 선생님

등굣길. 교문 앞에서 조광희 선생님이 아이들을 맞이한다.
"이리로 와 봐, 오~ 머리 예쁘게 깎았다."
"너 지갑 찾았어? (아니요.) 아이고, 어떡하냐. 지갑에 돈 많이 있었
어? (네.) … 꼬리가 길면 범인이 잡히게 되어 있어. 기다려봐."
"운동화 바꿔 신고 와야지. 너 오늘 산에 갈 거야? (아니요.) 토요일
등산이 얼마나 재미있는데."
아이들이 인사를 하면 선생님은 쉴 새 없이 고개를 끄덕거리며 아이
들 안부를 묻고 관심을 보인다. 아이들 일이라면 모르는 게 없다.

교문을 들어서는 학생들의 눈빛에도 경계가 없다. 선생님이 말을 붙
이면 편하게 이야기한다. 선생님의 친근한 인상만큼 옷차림도 편하다.
하루의 학교 생활이 시작되는 교문은 학교와 바깥의 경계다. 경계를
넘는 아이들은 이상스럽게 긴장이 된다. 교복을 입고, 머리를 단정히 하
고, 잘못한 게 없는 데도 교문을 통과하는 발걸음이 찔린다. 학교 교문

176

은 생활지도의 상징이기 때문이다.

서울의 한복판, 성북구 종암동에 있는 종암중학교에는 생활지도가 없다. 아침 등교 시간은 생활지도가 아니라 등교맞이다. 어차피 명찰을 안 달았다든가, 머리를 염색했다든가, 교복이 불량하다든가 하는 등의 생활지도는 담임 선생님 중심으로 가지 않는가. 적어도 아이들이 교문을 들어서 교실에 올 때까지 마음 편하게 가길 바라는 마음이다. 교문 앞에서부터 교사가 서열하면 아이들이 위축되어 등교한다는 걸 잘 알기 때문에 2012년부터 생활지도를 없앴다.

대신 이른 아침, 혼자서 아이들을 맞이하는 조광희 선생님은 미장원을 다녀온 아이에게는 예쁘게 잘랐다고 칭찬해주고, 지갑을 잃은 아이에게는 얼마를 잃어버렸는지, 찾을 수 있을 거라고 용기를 주고, 등산이 싫다는 아이에게는 좋아하는 놀이를 찾아 뭐든 관심을 갖고 하게 하려고 공을 들인다.

"처벌을 할 때는 학생들이 나를 보고 다 도망갔어요."

몇 해 전까지만 해도 조광희 선생님의 손에는 회초리가 들려 있었다. 회초리 하나만 들면 모든 게 통했다. 모름지기 선생님이란 강력한 카리스마가 있어야 하고, 아이들이 무서워해야 한다고 생각했다. 그래야 절대적인 권위와 힘을 가질 수 있고, 아이들 또한 선생님의 말에 따른다고 생각했다. 내리 생활지도만 맡다 보니 아이들이 부르는 별명도 '조폭'. 전국 어디서나 악역을 도맡는 학생주임은 깍두기, 조폭, 미친 개 등으로 통할 때였다. 체벌을 하고 나면 아이들의 응어리도 커지는 듯했지만, 개의치 않았다.

선생님이 복도에 '뜨면' 마치 모세의 기적과도 같이 아이들은 양옆으로 갈라졌다. 선생님을 피해 교실로 도망쳤다. '이게 과연 선생님의 자세일까?' 의심이 가기 시작했다. 다른 선생님이 아이를 잘못 때렸다가 다치게 만든 사건을 계기로 체벌을 다시 생각하게 됐다. 선생님은 아이를 올바르게 지도하는 명목으로 체벌하지만, 그 체벌의 결과가 잘못되면 당사자인 아이에게는 평생 멍이 되겠다 싶었다. 체벌의 비인간적인 면에 수긍이 갔다.

체벌을 그만두자 아이보다 선생님이 먼저 변했다. 체벌에 소모되던 감정들이 누그러지고 태도가 부드러워졌다는 게 스스로 느껴졌다. 선생님만 보면 슬슬 피하던 아이들이 먼저 다가와 아는 척하고 장난 삼아 선생님 등을 치고 갔다. 마침 학생인권조례가 생기면서 학내 체벌을 금지한다고 했다.

아이들에게 학내 두발 등을 자유화한다고 할 때 가장 먼저 반대하던 선생님이었다. 머리카락을 기르게 하면 아이들을 다 망친다고 생각했다. 아이들에게 자율권을 주면 정신이 해이해진다고, 규제와 단속을 주장하는 교사들의 논리였다. 완전히 두발 자율화가 됐지만 아이들이 더 나빠진 게 없다는 걸 스스로 느낀다. 오히려 학생인권을 존중해주고 학생 스스로 인권을 찾아나감으로써 아이들도 성숙해지겠구나 싶었다. 그렇게 생각하니 아이들을 보는 눈도 달라졌다. 귀를 뚫고 피어싱을 하는 아이나 귀고리를 하는 아이도, 규제 대상이 아니라 그 아이의 개성으로 보이기 시작했다. 너무 심하지 않을 정도로는 자신의 개성을 드러내도 좋다는 생각이다.

생각이 바뀌고부터는 매 대신 말 안 듣는 녀석들을 불러다가 축구 시합을 시켰다. 드림 사커 FC 종암이라는 축구팀도 만들고, 교장 선생님의 허락을 구해 유니폼도 만들었다. 이웃 학교와 친선 경기도 하고 토요일마다 2시간씩, 고려대학교 선수들을 초빙해 축구 교실도 연다. 학교를 사회 기관과 유기적으로 연결해 확대해나간 것이다. 방과 후 아이들은 운동장을 뛰며 축구공을 차고, 에너지를 발산시킨다. 그동안 쌓였던 스트레스도 풀 수 있지만, 무엇보다 데면데면한 아이들끼리 팀워크가 생겼다. 학교 임원이건, 공부 잘하는 학생이건, 못하는 학생이건 축구를 매개로 소속감이 생겼다. 그렇게 안으로 쌓였던 에너지를 분출하고 아이들끼리 친해지면 친한 친구를 때리지는 않을 테니, 학교 폭력 또한 줄어들 거라고 확신했다.

선생님의 확신은 아이들의 얼굴 표정이 바뀌는 데서부터 왔다. 아이들은 교실에서와는 다르게 다들 행복한 표정이었다. 다들 학교가 공부 기계를 만드는 지옥이라고 말들하지만, 이렇게 학교에 재미를 붙이면 점차 행복한 공동체가 될 수 있을 거라고 조심스럽게 생각한다.

축구 교실은 선생님의 신바람 교실 프로젝트의 일부이다. 선생님의 신바람 교실에는 그밖에도 노래방, 클라이밍 등 아이들이 참여할 수 있는 여러 개의 프로그램이 있다. 노래방 기계가 완비된 학교 노래방에서는 일주일에 두어 시간 노래도 부른다. 탬버린을 흔들고 율동도 섞어가며 목청이 터져라 노래를 부르면 어느새 스트레스는 달아나고, 나쁜 일도 없었던 일처럼 마음을 푼다.

부모가 어렸을 적 학교에도 공부 잘하는 아이, 공부 못하는 아이가 있었지만 오늘날만큼 우열 구분이 절대적이지는 않았다. 학교는 공부하는 곳임에는 변함없지만, 아이들끼리 어울려 함께 축구하고 뛰어노는 놀이 공간이기도 했다. 놀이는 공부로 생기는 우열을 없애주었다. 축구와 같은 스포츠에서는 공부보다 팀워크가 중요했고, 팀에서의 수비, 공격수 등 맡은 역할을 얼마만큼 잘 수행하느냐가 더 중요하다. 공부 잘하는 아이, 공부 못하는 아이도 놀이 앞에서는 경계가 허물어졌다. 공부는 못해도 축구를 잘하면 아이들에게 더 대접받게 된다. 땀 흘려 한 게임 한 게임을 치르면서 아이들은 팀에서 각자 맡은 역할에 충실해지고, 소속감도 생긴다.

놀이도 학습이다. 놀이에는 상대가 있다. 김용택 시인은 '상대가 있다는 건 상대에 나를 맞춰야 한다는 것, 때로는 나를 죽일 줄도 알아야 한다'고 말한다. 하지만 공부는 상대를 그저 이겨야 하는 대상으로만 본다. 놀이는 이길 수 있고 질 수도 있지만 공부는 무조건 이겨야만 한다. 그러다보니 공부는 경쟁을 가르치지만, 놀이는 사람과 어울리고 자연과 조화를 이루고 갈등을 조절하고 조화를 이루는 사회성을 가르친다.

선생님이 아이들 눈높이를 맞추자, 확 바뀌지는 않아도 아이들의 행동은 조금씩 조심스러워졌다. 자유로움을 즐기는 대신 행동을 자각했다. 골초였던 아이가 담배를 피우고 싶어질 때 상담실을 찾아와 박하사탕을 입에 물었다. 자신이 담배 피우는 걸 선생님 앞에서 인정하기란 힘든 법인데, 담배를 끊겠다고 사탕을 달라고 선생님을 찾아올 정도이니 적어도 최소한의 소통은 이루어진 셈이다. 물론 학교에서 담배를 못 피우니까 선생님 손길이 미치지 않는 주변 주차장이나 골목길에서 어울려 피우다가 주민들의 항의 전화를 받기도 한다. 신고 전화가 오면 미안하다고 사과하는 것도 선생님이고, 대충 감 잡은 범인에게 담배 끊으라고 싫은 소리 하는 것도 선생님이지만, 그러면서도 이 과정을 거쳐야 할 성장 과정이라고 생각한다. 학교와 주민이 연계가 되어 아이들에게 관심을 기울이면 적어도 대형 사건은 터지지 않을 테니까.

선생님이 이처럼 신바람 교실 등을 운영하는 이유는 무엇일까?

"아이들은 운동을 해서 에너지를 빼줘야 돼요. 운동을 열심히 하고 샤워하고 한숨 자면 기분이 상쾌해지잖아요. 매일 그렇게 6개월, 1년을 운동하게 되면서 사춘기도 자연스럽게 넘어가거든요. 운동하는 애들은 사춘기가 길지 않아요. 빨리 지나가는 거죠. 그렇게 할 수 있도록 학교나 사회가 배려하고 기다려줘야 돼요."

부모들은 중학생이 다루기 가장 어렵다는 말을 한다. "초등학생 때는 참 착했는데, 중학교에 가더니 아이가 이상해졌어요" 하며 반항기가 된 아이를 낯설게 바라본다. 선생님의 표현을 빌리자면, 사춘기 중학생은 '불판 위 쇳덩이'다. 뒤로 튈지, 앞으로 튈지, 옆으로 튈지 아무도 모른다. 다치거나 큰 사건이 돼야 안다. 학교 폭력이 일어나면 청소년들의 처벌 수위를 두고 논쟁을 하지만, 잘못된 행동을 처벌로만 바라보는 건 바람직하지 않다는 생각이다. 물론 법적인 책임을 무시할 수는 없지만 아이가 폭력을 저지르지 못하게 예방하지 못한 우리 사회의 책임도 간과할 수는 없다.

북한산에서 세상을 향해 외치다

벼르고 별렀던 사제동행 체험 활동이다. 오늘 산행의 목적지는 북한
산. 벌점을 대체하는 산행이라지만 보기에도 소풍이다. 산을 오르는
내내 선생님은 아이들과 끊이지 않고 말을 한다. 산 정상에 다다르
지 않았는데도 이마에 송글송글 땀이 맺혔다. 잠시 쉬어가기로 하자
아이들이 선생님에게 부채질을 해줬다. "좀 세게, 제대로 해봐. 그렇
지. 1단, 2단, 3단, 회전!" 선생님의 농담에 아이가 인간 선풍기가 되
어 부채질을 파라락한다. 웃고 떠들다보니 어느새 산 정상에 다다랐
다. 북한산 정상에 서니 서울이 한눈에 내려다 보인다.
"얘들아! 우리, 여기 탁 트인 전경을 보면서 너희들 마음속에 하고
싶은 이야기를 해보자."
선생님의 선창에 머뭇거리던 아이들이 한 명씩 이야기를 하기 시작
했다.

"교실에 에어컨 좀 틀어주세요!"
"김우선 선생님, 사랑해요."
"엄마, 스마트폰 사주세요."
"엄마, 아빠 사랑해요."
"벌점 다 까주세요."

사제동행 체험 활동은 벌점을 상쇄시키기 위해 만든 교사와 학생의
소통의 장이다. 부모 세대에 교사 재량이던 체벌이 없어진 대신 벌점 제
도가 생겼지만, 그 또한 여러 문제가 있었다. 실내화를 안 가지고 왔다

거나 숙제를 안 했다거나 하는 등의 잘못을 하면 학교에서 벌점을 받는데, 그 벌점이 누적되는 경우가 생긴 것이다. 이를 상쇄시키기 위한 방법으로 산행을 하는 대신 벌점을 일정 부분 감해주는 활동이다.

산행은 다른 학교에서도 많이 실행하고 있는 프로그램이다. 짧게는 한 시간, 길게는 여섯 시간 소요되는 길을 걸으며 이야기하다보면 어느새 산길은 대화의 장이 된다. 선생님의 입장과 학생의 입장은 평행선을 달릴 만큼 생각의 격차가 큰 탓에 산행 한 번으로 사제 관계가 급속하게 친숙해지기는 어렵지만 험한 길에서 손을 내밀고, 지친 몸을 밀어주고 끌어주다보면 조금씩 가까워진다. 게다가 아이들의 마음을 읽어주고 알아주기 위해 노력하는 선생님이 있다는 건 얼마나 행복한 일인가. 생각을 바꾸겠다고 결심하면 행동이 바뀐다.

오월의 숲에 갔었네
그 숲에 가서
나는 숲 가득 퍼지는 사랑의 빛으로
내 가슴 가득 채웠다네
찔레꽃 받아든 날의 사랑이여

– 산행을 함께한 김용택 시인이

배움의 즐거움을 느끼다

마음에 남는 수업을 묻다

선생님, 저 지영이에요. 뭔가 정해진 방식대로만 푸는 게 수학 같았는데, 선생님 수업에서는 여러 가지 방법으로 설명을 해주시니까 생각도 여러 갈래로 뻗어가요.

옛날 학생들이 가장 싫어하는 과목이라고 하면, 빠지지 않고 단골 1위로 꼽히는 과목이 수학이었다. 복잡한 수식과 반복되는 계산은 머리를 지끈거리게 했다. 수학 수업은 공포의 시간이었다. 수학 선생님들은 하나같이 칠판에 문제를 내놓고 그날의 당번, 또는 날짜순으로 출석 번호를 불러 문제를 풀어보라고 시켰다.

오늘날도 과거와 다르지 않다. 전남 지역 초·중·고등학교 학생들을 대상으로 조사한 결과, 가장 싫어하는 교과로 수학을 꼽았다. 반면 가장 좋아하는 과목은 체육·음악·미술이었다. 오죽하면 수포자(수학포기자)라는 신조어까지 생겼을까.

학생들이 수학을 싫어하는 이유로는 '점수가 잘 나오지 않아서'다. 수학은 우리 주변 여러 가지 현상들에 숨어 있는 논리와 본질들을 연구하는 실용적인 학문이지만 공식과 문제 유형을 무조건 반복 암기하는 방식이라 지겹고 재미없다고 생각한다.

처음부터 그랬던 건 아니다. 국제교육성취도에서 우리나라 초등학생들의 수학 성취도가 세계 2위로 평가되었다. 처음부터 수포자는 아니라는 뜻이다. 하지만 암기식 수업과 문제 풀이식 수업으로 수학에 재미를 느끼지 못한다는 점과 수학이 우리 삶에 필요하지 않다는 인식이 자리하면서 학년이 올라갈수록 수학을 포기하는 학생이 늘어나고 있는 게 현실이다. 수학을 포기하지 않았다 하더라도 대학 입시 때문에 어쩔 수 없이 공부한다는 대답도 들린다. 교과부에서도 이에 대비해 이야기와 수학을 결합시키는 스토리텔링 수학으로 교과 내용을 바꾸고는 있지만 수학에 대한 공포는 쉽게 사라지지 않고 있다.

수학은 대학 입시가 끝나면 버려지는 대학 입시용일까. 하지만 수학이 우리 삶과 관련 없는 과목이 아니라는 걸 알려주는 수업이 있다.

광신고등학교 김흥규 선생님은 수학을 다르게 접근하는 선생님이다. 선생님의 수업은 매번 색다른 이야기로 난공불락의 수학을 정복하기 위한 묘수를 가르쳐주는, 쉽고 재밌는 수학 수업으로 정평이 나 있다.

특별한 수학 수업

"오늘 수업은 세는 것과 관련이 있습니다. 잘 보시면 글자 두 개가 있습니다. 한글의 나라 코리아잖아요, 숲과 집입니다."
선생님이 시작하면 숲과 집을 번갈아가며 말하되, 처음보다 한 번씩을 더 말하는 게임이다. 선생님이 시작을 외치자 입이 바빠졌다.
"숲집숲집숲숲집집숲숲숲집집집…"
뭔지는 모르지만 재미있다. 신경 써서 읽지만 어느새 혀는 꼬이고 중간에 틀리자 웃음이 빵 터진다. 선생님은 이어서 문제를 준다. 성낙희 작가의 '무제 2004'라는 소설이다. 수업은 숲과 집의 연관성을 찾으며 팀으로 나눠 규칙을 찾는 게임으로 발전했다.
"이게 처음에 숲, 집 이렇게 있잖아요. 숲, 집이 하나 있고, 그다음에 나오는 숲 집해서 그 이전 거랑 더해서 나왔어요."

설명이 부족했는지, 선생님이 '알 듯 말 듯'하다고 이야기하자 여학생이 칠판에 쓰면서 설명을 이어갔다. 끄덕거리던 선생님이 대수학의 세계로 안내한다.

"아, 두 개를 더하니까 다음수가 된다는 거지? 이건 자연의 규칙과 관련이 있어요. 이걸 여러분이 이제 배우게 되는 피보나치 수열이라고 하는 겁니다. 실제로 작가가 이 수열을 보고 너무 감동을 받았대요."

피보나치 수열은 앞의 두 수의 합이 바로 뒤의 수가 되는 수의 배열을 말한다. 이를테면, 제3항은 제1항과 제2항의 합, 제4항은 제2항과 제3항의 합이 되는 것과 같이, 인접한 두 수의 합이 그다음 수가 되는 수열이다. 피보나치 수열은 자연현상에서도 어렵지 않게 볼 수 있다. 꽃잎 수는 3, 5, 8…로 이뤄지고, 앵무조개의 넓이는 1, 1, 2, 3, 5… 식으로 늘어난다.

오늘 수업의 목표는 피보나치 수열이지만 김홍규 선생님은 처음부터 바로 수학 진도를 나가지는 않는다. 수학과 관련 없는 것 같은 숲과 집으로 게임을 하더니, 숲, 집하면 떠오르는 게 뭔지 이야기를 들어본다.

수업에 함께 참여했던 김용택 시인은 "제가 살고 있는 집이 초가집이거든요? 옛날 초가집이었는데 나무하고 흙하고 짚으로 되어 있어요. 숲 속에서 가져온 집이 생각났습니다"와 같이 연상을 하게 되었다. 선생님은 그다음 "자, 이제 5분에서 10분 정도 규칙이 뭔지, 그리고 숲, 집에서 의논을 하시고 질문을 해보세요. 그리고 의견을 나눠보세요" 하고 스스로 생각하고 발견할 수 있는 시간을 준다.

수학 수업은 대개 문제 풀이식 수업이라고 생각하기 쉽지만, 문제 푸는 건 혼자서도 충분히 할 수 있는 것이다. 아이들도 문제만 내리 푸는 것보다 '공식대로 푸는 게 아니라 더 넓게 생각하고 풀 수 있어서 좋다'고 한다. 일단 질문을 던져서 생각할 수 있는 힘을 기르고, 그다음 문제를 풀면 신기하게도 아이들의 수학 풀이 실력도 늘어난다.

하지만 이와 같은 수업을 하다보면 정해진 진도를 따라가지 못하는 불상사가 생기지는 않을까. 혹 대학 입시를 앞둔 고등학생들에게 진도가 늦다고 불만이 들릴 수도 있는 일이다. 그러나 선생님은 아니라고 답한다. 개념은 되도록 시간을 들여 스토리텔링이나 활동 수업으로 하되, 개념을 확실하게 알고 나면 그다음엔 진도가 빨라진다는 것. 그래도 아이들은 뒤처지지 않고 다 소화한다. 결국 수학은 개념의 반복, 변주, 활용이기 때문이다.

아이들의 대답도 비슷하다. 개념을 제대로, 정확히 알게 된다는 것이다. 그리고 선생님이 추천하듯이 문제집을 많이 풀기보다 수학 책, 수학 익힘책만 사용해도 신기하게도 성적이 괜찮게 나온다. 개념을 확실하게 익히니까 문제 풀기가 어렵지 않다는 뜻이다. 그렇게 아이들은 수학 시간에 생각히는 힘과 수학에 대한 자신감을 얻는다.

김흥규 선생님이 수학을 일반적인 수업과 다르게 가르치는 이유는 뭘까? 수학은 단순한 숫자 놀음이 아니다. 수학적 질서가 탄생하기까지는 고민이 있고, 깊이 있는 철학이 있다. 그래서 고대 유명 철학자들 중에는 수학자도 많다. 수학이 어렵다, 수학이 싫다는 학생에게 선생님은 다음과 같은 일화로 답을 한다.

붓다가 한 사원에 머물러 있을 때 말룬카라는 제자가 찾아왔다. 말룬카는 늘 망상에 빠져 이상한 생각만 하는 제자였다. 말룬카가 붓다에게 물었다. "세계는 영원합니까? 아니면 영원하지 않습니까?", "생명과 몸은 각각인가요?", "우주의 저 끝에는 무엇이 있나요?", "저는 이런 것들이 너무 궁금해서 도저히 수행을 할 수가 없습니다. 제발 좀 가르쳐주십시오."

그의 질문에 붓다가 되물었다. "말룬카여, 만약 이곳에 독화살을 맞은 사람이 있다면 어떻게 해야 되겠느냐?", "그야 물론 독화살을 뽑고 의사를 불러와 치료를 해야지요.", "그렇다. 그런데 만일 그 사람이 독화살을 쏜 사람이 누구이며 독화살에 묻은 독은 어떤 종류이며 독화살은 어떤 나무로 만들어졌는지 알기 전에는 절대로 독화살을 뽑지 않고 의사의 치료도 받지 않겠다고 하면 그 사람은 어떻게 되겠느냐?", "그러면 그 사람은 죽게 되겠지요." 이에 붓다가 미소 지으며 말했다. "그와 마찬가지다. 너는 수행에는 힘쓰지 않고, 늘 망상에 사로잡혀 있다. 그렇게 쓸데없는 생각만 하다가는 금세 나이를 먹고 죽고 말 것이다. 아무것도 해결하지 못한 채로 말이다. 그러니 이제는 망상에서 벗어나 수행에만 힘쓰도록 하여라." 말룬카는 붓다의 말씀에 기뻐하며 물러갔다고 한다.

일화가 주는 교훈은 "망상은 버리고 지금 여기에 충실하라"는 것. 사람들은 "수학은 기초부터 해야 돼", "초등학교 때부터 기본기를 착실히 닦아야 해"라고 말하지만 결국 이러저런 핑계를 대다가 "아무리 해도 난 안 돼"라고 결론을 내린다. 선생님은 그런 이치와 깨달음으로 아이들

에게 수학의 즐거움을 일깨워주고 있었다. 그리고 아이들은 배움의 즐
거움으로 선생님의 가르침에 보답했다.

    교사는 학자이자 배우입니다
    시선을 못 끄는 배우는 배우가 아니고
    끊임없이 공부하지 않는 학자는 학자가 아닙니다

                – 교사 김흥규의 말을 시인 김용택이 쓰다

꿈을 심어주는
선생님

꿈을 말해주면 아이는 꿈을 찾기 위해 노력한다

마음에 남는 선생님을 묻다

삼 년이 지났는데도 선생님의 수업 시간은 생생하게 기억이 나거든요. 왜냐하면 그냥 외우는 수업이 아니라 진짜 제가 참여를 해서 공부했고 직접 느꼈던 것이기 때문에 잘 안 잊히고 오랫동안 기억에 남아, 좋은 추억이 되었거든요.

선생님, 저 지은이에요. 얼마 전에 카톡으로 "잘 지내고 있냐?" 이렇게 물어보셔서 저 요새 완전 행복하게 회사 생활한다고 했더니, 너는 성격이 좋아서 어디서든 예쁨받고 잘 살 거라고 하셨잖아요. 그 말 듣고 정말 기분이 좋았어요. 선생님은 좋으신 분이라서 제가 그랬듯 선생님 제자들은 늘 행복할 것 같아요.

선생님은 자신의 소개를 이렇게 한다.

"사랑과 열정으로 여러분의 꿈을 키워주고 싶은 도덕 교사 박영하입니다."

일주일에 한 번뿐인 수업이지만 기다려지는 수업. 아이들은 이렇게 말한다. 흔히 도덕 수업은 규칙과 윤리를 말하는 따분한 수업처럼 여겨지지만, 선생님 수업은 그러한 편견을 과감히 깨버린다. 선생님 수업에는 노래가 있고 시가 있고 대화가 있다.

첫인상은 과묵한 중년 아저씨지만, 먼저 졸업한 선배들이 후배들에게 굉장히 좋은 선생님이라는 말을 남겼다. 이처럼 아이들이 따르는 이유는 무엇일까?

한 학생은 선생님을 마치 아버지처럼 진정한 꿈을 찾게 해주는 분이라고 말한다. 어떤 꿈을 가지고 살아야 할지를 시간이 날 때마다 조언해주신다고 한다.

그 꿈을 말하는 선생님의 수업 시간, 출석을 부르는 첫머리에서 다른 수업과 차이가 느껴진다.

이 시간은 꿈의 출석 시간이다. 선생님이 학생의 출석 여부를 확인하는 짧은 시간을 박영하 선생님은 그 아이가 앞으로 어떻게 성장하고 싶은지, 어떤 사람이 되고 싶은지 정보를 알아가는 시간으로 바꾸었다. 그 아이에게 도움 되는 지식이나 정보, 경험들을 교사가 제공할 수 있는 참고 자료로 알아보기 위해서다. 시간이 오래 걸리지 않느냐는 말도 나오지만, 40여 명의 학생들이 돌아가며 한마디씩하는 데 걸리는 시간은 기껏해야 5분이다.

2006년부터 시작한 꿈의 출석 시간이 처음에는 못내 어색했지만, 점차 어색함은 익숙함으로 바뀌었다. 변화도 생겼다. 특히 취업을 준비해야 하는 상업고등학교의 도덕 수업 시간에 아이들은 진짜 하고 싶은 일과 꿈을 찾는다.

하지만 옛날 선생님의 별명은 진돗개, 왜냐고 물으니 진도만 나가는 개라는 의미란다. 그러던 선생님은 '진짜 선생님이란 무엇인가'에 대한 고민을 하게 되었다. 아이들에게 꿈을 키워주고 수업 시간에 배움의 기쁨을 맛보게 해주고, 학교에서는 친구들과 잘 어울릴 수 있는 분위기를 조성해주는 것. 가장 본질적인 목표에 교사가 최선을 다하면 아이와 소통이 되고 행복한 수업이 되지 않을까? 그리고 인기는 그 뒤에 따라오게 된 덤이다.

학교 건물을 학교라고 생각하는 사람이 있을까. 학생들의 삶과 교사들의 삶 자체가 학교다. 학교를 배움터라고 하지만, 우리는 학교를 제도로 존재하는 교육 기관으로만 보는 건 아닌지 돌아봐야 한다. 가정, 사회, 제도 기관 등 학교를 둘러싼 모든 공간들을 사람이 성장하고 배움을 익히는 보다 넓은 울타리로 이해하기를 바라는 마음이다.

수업하는 곳이 아니라 사람이 살아가는 데 필요한 지식이나 정보, 경험을 제공해주는 곳이 학교다. 그러기 위해서는 아이들에게 먼저 무엇을 배우고 싶으냐고 물어보는 것부터 시작해야 한다. 아무 관계도 없을 법한 시와 노래를 발표하는 이유도 삶을 관조한 시와 노래를 통해 아이들의 꿈과 사랑, 행복을 키울 수 있다고 믿기 때문이다.

이벤트가 아니라 진심이 전해질 때 아이는 감동한다

마음에 남는 선생님을 묻다

고등학교 때 구만호 선생님이 기억나요. 구만호 선생님은 용산공고 건축과 선생님이세요. 특별한 거요? 성격이 정말 인자하세요. 말을 차분히 하시고 굉장히 도수가 높은 안경을 끼세요. 선생님 옆에 있으면 편안해요. 선생님과의 에피소드요? 고2 때 방황을 많이 했어요. 오토바이를 훔치다 걸려서 그날 경찰서에서 오라고 하더라고요. 학교에서 수업하는

데 선생님이 안 좋은 일 있냐고 하시더라고요. 혼날 걸 각오하고 사실대로 말씀드렸는데 선생님이 화도 안 내시고 "나랑 같이 가자" 하고 경찰서에 같이 가서 선생님께서 잘 마무리지어주셨어요. 혼낼 수도 있었을 텐데 저에게 별 말씀도 없으셨어요. 그런데 그 이후부터 맘을 고쳐먹게 되더라고요.

캐나다 국제 기능 올림픽에서 금메달을 딴 이태진 선수는 고등학교 때의 구만호 선생님이 있었기에 오늘의 '내'가 있게 되었다고 말한다.

그 나이의 소년이 그렇듯, 이태진 선수도 한창 반항기를 겪고 있었다. 못된 짓을 골라 했고, 결국 오토바이를 훔쳤다가 경찰서 출두 명령을 받았다. 선생님이 먼저 알아채고 사정을 물었고, 혼낼 줄 알았던 선생님은 아이를 다독이고 걱정 말라고 안심시켜주었다. 그저 선생님은 포기하지 말라고, 열심히 하라고 다독일 뿐이었다. 그림도 잘 그리고 손재주가 있는 녀석이라, 기능만 잘 익히면 미적인 감각을 발휘해 무엇이든 잘할 거라는 선생님의 생각이었다. 선생님은 보호자가 되었고, 아이는 포기하지 않고 다시 도전했다. 선생님은 시각장애가 있었다. 제자의 섬세한 손놀림을 보지 못하는 선생님은 자신이 도움을 줄 수 없는 건 유명한 전문가를 초빙해 지도했다. 아이의 동작, 벽돌을 안고 일어나고 경기장에 들어가는 시간, 평균 처리 속도 등을 초 단위로 나눠 분석했다. 심지어 화장실 가는 시간도 연습했다. 불필요한 시간을 줄여 경기에 집중할 수 있도록 시간을 데이터로 정리해 시뮬레이션을 했다. 어려운 기능 훈련도 다 마쳤다. 캐나다 국제 기능 올림픽에 출전한 태진이는 그해 조적(벽돌쌓기)에서 금메달을 땄다.

　국제 기능 올림픽은 스포츠 올림픽과 달리 3일을 내리 시합하고, 시합 종료 6시간 뒤 경기 결과가 발표된다. 태진이의 금메달 소식이 전해진 건 제자와 선생님이 밥을 먹고 있을 때였다. 소식을 듣는 순간 태진이는 저도 모르게 선생님 품으로 달려들었다. 선생님도 아이를 얼싸 안고 그저 눈물만 흘렸다. 제자에게도, 선생님에게도 새로운 시작의 눈물이었다. 선생님에게 그때의 소감을 묻자 선생님은 어제 일처럼 생생하게 기억한다고 했다. 그리고 이렇게 말했다.

　"저의 꿈이라기보다는 아이가 꿈을 꾸면 그 꿈을 저는 꼭 이뤄주고 싶었어요. 그런데 그 아이가 꿈을 이룬 것이 정말 행복했어요. 아, 해냈구나!"

　거의 형체만 알아보는 수준의 시각장애가 있던 선생님은 제자의 금메달을 계기로 스스로의 시련을 받아들이기로 했다. 장애가 있던 그 시절, 선생님은 거의 눈이 보이지 않았다. 하지만 제자의 금메달은 그런 시련을 받아들일 힘을 주었다. 지금도 컴퓨터에서 가장 큰 글씨로 쳐야 겨우 알아 볼 수 있다. 그때 선생님은 시각장애인으로서의 인생을 새롭게 출발했다. 그때까지 시각장애가 있음을 굳이 말하지 않았던 선생님은 당당히 자신이 시각장애인임을 밝혔다. 그렇게 제자는 선생님을 통해 꿈을 이루고, 선생님은 제자로 인해 꿈을 꾸게 되었다.

　현재 선생님은 용산고를 떠나 꿈타래학교에서 건축을 가르친다. 용산고와 달리 특수학교인 꿈타래학교에서는 아이들을 어떻게 가르칠 것인가의 문제의 답을 늘 아이들 속에서 찾는다. 스스로 돌팔이 과학 선생님이었다고 말하는 선생님은, 건축으로 전공을 바꾼 뒤 다시 도전을 하는 중이다.

꿈타래학교는 소외된 학생들과 함께하는 위탁형 대안학교다. 이 학교에서 선생님은 건축 과목 외에 상담과 진로 지도와 프로그램을 총괄한다. 질풍노도의 시기라고 불리우는 이 학생들을 학교가 어떻게 보호할 수 있을까? 이태진 선수처럼 어긋났다가 다시 제 길을 찾아갈 수 있도록 만드는 특별한 방법은 없을까?

"아이 입장에서 조금만 기다려주면 될 것 같아요. 이해해주는 거죠. 일반적으로 선생님들은 아이 입장에서 생각하기보다 자기 입장에서 생각할 때가 많거든요. 아이 입장에서 생각해보면 그럴 수도 있겠다 싶어요. 그 문제를 해결해주려고 노력하다보면 아이들과 조금 더 가까워지지 않을까란 생각이 들어요."

부모나 선생님은 아이들을 감동시키기 위해 특별한 이벤트를 생각하지만, 의외로 아이들은 특별한 이벤트에 감동하지 않는다. 대신 선생님이나 부모가 나를 단 10초라도 생각하고 있다는 마음이 전해지면 감동하게 된다. 꿈타래학교의 주혁이가 구만호 선생님을 믿게 된 계기도 그렇다. 선생님이 어느 날, 수업 중에 이런 말을 하더란다. "선생님이 너를 위해서 이런저런 일을 알아봤는데, 네 생각은 어때?" 그 말을 듣자, 주혁이는 저도 모르게 기분이 좋아졌다. 아, 선생님이 나에게 관심을 갖고 있구나, 라는 생각이 들었기 때문이다.

선생님에게 다시 '학교란 무엇인가'라고 물었다. 선생님은 에둘러 아이들이 학교에 요구하는 게 다양해졌다고 말한다. 그런데 학교는 아직 변화를 수용하지 못한다고 덧붙였다. 학교가 아이들의 생각과 가치관을 따라가지 못하기 때문에 거기에서 충돌이 생긴다는 뜻이다. 학교 고유의 교육 철학은 바뀌지 않아야 하지만, 아이들이 변하듯이 학교도 변화의 그릇이 되어야 한다는 것이다. 대체, 학교는 어떻게 변해야 한다는 것일까? 허허 웃던 선생님은 그 대답 역시 '아이들과'로 시작한다.

"아이들과 함께 가야 할 것 같아요. 앞서 가거나 뒤처지는 게 아니라 아이들하고 함께 가는 거죠."

공부하는 힘, '절실함'

마음에 남는 선생님을 묻다

제가 살아갈 길을 발견하게 된 계기가 된 것 같아요. 왜 학교에 다녀야 하는지 절실함도 깨달았구요.

건희는 학교를 두 군데 다닌다. 1, 2학년 때는 인문계 학교에서 통학했고, 3학년이 된 지금은 마찬가지로 인문계 학교에 적을 두고 있지만, 실제로 다니는 곳은 서울산업정보학교다. 인문계 수업에는 도통 관심이 없었던 터라 건희에게 학교란 잠만 자는 지루한 곳이었다. 다행히도 전문적인 직업 교육을 가르치는 서울산업정보학교와는 잘 맞아서 고3이

된 지금에서야 학교는 보람 있고, 매일 가고 싶은 곳이 되었다. 새롭게 배우는 지식과 실용적인 기술들을 배우는 재미도 만만치 않다.

대학 입시만을 목표로 하는 일반고등학교는 대학에 가고자 하는 학생들에게는 좋든 싫든 필요한 곳이지만 대학에 들어가겠다는 의지가 없는 학생들에게는 학교에 가는 것 자체가 고역이다. 하지만 자신이 좋아하는 일을 학교에서 찾으면 꼭 대학이 아니더라도 공부를 더 하고 싶다는 생각이 들게 된다. 꼭 지금은 아니더라도 우선 좋아하는 일을 하다 나중에 더 공부하고 싶다는 생각이 들면 그때 대학교에 가겠다고 생각하는 것이다.

서울산업정보학교는 일종의 위탁 학교다. 일반고등학교에 다니지만 공부에는 흥미가 없는 3학년 학생들을 위탁받아 직업 교육을 하는 공립학교다. 대학 입시 대신 직업을 선택한 학생들은 1년 동안 이곳에서 기술을 배우고, 취업을 한다. 일반고등학교에서는 엎드려 잠만 자던 아이들이 이곳에 온 뒤로는 달라진다.

호통과 벌에도 활기찬 수업

테이블 위에서 공구들을 만지작거리며 열중한 학생. 두세 시간 걸리던 작업이 고된 훈련을 거치며 이제 삼십 분이면 끝난다. 1년 단기 속성으로 배우는 까닭에 수업은 힘들고, 혼나는 일도 많다. 김갑제 선생님의 호통은 오늘도 끊이지 않는다.

자칫하면 사고가 나는지라, 조그마한 실수도 그냥 넘기는 법이 없다. 결국 작업실을 오리걸음으로 걷지만, 아이들은 선생님이 혼을 내도 덤덤하다. 일반학교에서라면 열 번은 반항했을 아이들이 억울하다고 항의하거나 화내지 않는 이유는 무엇일까?

"정확하게 잘 배워서 빨리 자격증 따라는 뜻이라는 걸 알거든요."

서울산업정보학교에서는 각종 설비 시험 자격증을 따게 한다. 대개 시험은 필기, 실기 몇 차례 순으로 이뤄지기 때문에 자격증 하나를 따는 데에는 적어도 수 개월이 걸린다. 이번 공조 설비 시험에는 3명 중 2명이 합격했다. 합격률이 꽤 높은 편이다. 일반학교에선 늘 누군가의 배경이었던 아이들이지만, 오늘은 주인공이다. 떨어진 아이에게는 안타까운 일이긴 하지만 다시 재도전을 기대하는 수밖에 없다.

늘 주변의 관심 밖에 있었던 아이들이 맛보는 성공의 기쁨이다. 난생 처음 자격증 시험에 합격한 기분은 이루 말할 수 없을 정도로 좋다. 그동안의 노력에 보상받은 기분도 들고, 한편으로는 앞으로 갈 길은 좀 멀어도 조금씩 가야지, 하는 마음이 들기도 한다.

이 아이들에게 학교는 무엇일까?

"여기서 친구들두 만나고 제가 직업도 가졌잖아요. 제가 살아갈 길을 얻은 것 같아요. 그래서 정말 다행이라고 생각해요."

이 아이들은 또 전기 기능사 시험에 도전한다. 결코 쉽지 않은 도전이지만, 그래도 성공의 기쁨을 맛본 아이들은 이렇게 또 앞으로 나아간다. 인생의 단계를 밟아나가는 것이다.

아이들은 각자 재미와 적성을 찾아 준비하고, 또래보다 일찌감치 취업을 해 사회에서 단단히 제 몫을 하고 있다. 열심히 준비를 해서 얻은 직장이니만큼 회사에서의 평판도 좋다. 그럼에도 선생님은 걱정이 많다. 아직 학생들이라고는 하지만 혹시 한 가지라도 실수를 했다가는 바로 자신의 책임이 되고, 자칫 잘못해 아이들의 살아갈 의지를 꺾어 평생 후회하게 될까 걱정이 되기 때문이다. 학교는 의무감으로 다니지만, 사회는 책임감으로 다녀야 하지 않는가. 요즘 같이 취업하기 어려운 때에 취업처를 신중하게 고르고, 취업처가 확정이 되면 현장 학습을 다녀오고 최종 입사 결정이 되기까지 선생님은 조심스럽다. 그런 노파심 때문인지, 아이들을 보면 유난히 잔소리가 심해진다.

공부하라는 말에도 꿈쩍 않던 아이들이, 이곳에 와서 다시 공부를 하게 된 이유는 무엇일까? 바로 '절실함'이다. 공부하고 싶다는 생각이 피부로 와닿자 누가 말하지 않아도 스스로 공부하는 것이다. 그렇게 만든 계기가 있었을까.

김갑제 선생님은 그 대답을 '인정받지 못하기 때문'이라고 말한다. 여기 있는 아이들은 본교에 적응하지 못하는 아이들이다. 즉 국영수 과목에 관심이 없어 공부를 못하는 아이들로 분류된다. 일반고등학교에서 공부를 못한다는 건 학생으로서 인정을 받지 못한다는 뜻이다. 이렇게 인정을 받지 못하던 아이가 여기서는 유감없이 끼를 발휘해 스스로 공부를 하고, 선생님에게 호되게 혼나면서도 묵묵하게 연습을 하고 자격증을 딴다. 공부만 해야 얻을 수 있는 성공의 기회를, 이 아이들은 다른 방법으로 얻는 것이다.

이와 같은 아이들의 변화를 목격하는 건 선생님에게도 가장 보람 있는 순간이다. 선생님이 무슨 말만 하면 무작정 거부하던 아이가 언젠가 부터 웃으면서 대화하고, 그다음엔 변화가 일어나 '내가 이렇게 괜찮은 사람이다'라는 걸 자랑하고 싶어 한다. 교실 청소도 깨끗이 하고, 인사도 잘하고, 공부도 잘한다. 그리고 선생님을 찾아와 열심히 할 테니까 취업을 시켜달라고 조른다. 이처럼 한번 변화한 아이들은 중도에 돌아오는 아이들도 있지만, 대다수가 나중에 사회에 나가서도 자기 몫을 톡톡히 한다. 기업체로부터 좋은 아이들을 보내줘서 고맙다는 인사를 들으면 교사로서 어깨도 으쓱해진다.

21세기 글로벌 인재로 창의성, 통섭형 인재, 소통의 리더십 등을 꼽는다. 그 이전에 김갑제 선생님은 학교에서 공부의 획일화가 아니라 다양한 재능을 발휘할 다양한 기회를 많이 주는 데서부터 시작해야 한다고 말한다.

"모든 학생들이 다 공부만 하면 우리 사회가 제대로 돌아가지 않을 거라 생각해요. 공부할 아이는 공부를 해야 하고, 몸을 써야 할 아이는 몸으로 살아야 되고, 발을 쓰는 아이는 발로 살아야 하고, 가슴으로 느끼는 사람은 가슴으로 살아야 하고, 손재주가 좋은 사람은 손재주로 살아가야 하죠.

우리 교육으로는 모든 학생들을 똑같이 놓고, 똑같은 교실에서, 똑같은 교육을 일률적으로 시켜요. 그러다 보니까 거기에 맞지 않는 아이는 잠만 잘 수밖에 없는 현실이 안타까워요. 학교가 다양해져서 아이들이 진짜 하고 싶은 것을 했으면 좋겠어요. 음악을 좋아하면 음악을 하고, 기술을 배우고 싶은 사람은 기술을 배우고, 다른 걸 하고 싶은 사람은

다른 걸 할 수 있도록 말이에요. 그렇게 하면 정말 세계적인 인물이 나
오지 않을까요?"

– 김갑제 선생님

조건 없이 말 걸기

마음에 남는 선생님을 묻다

우리 학교에는 생활 상담하시는 선생님이 계세요. 우리의 정신적 지주
세요. 음악 치료를 하시고요. 선생님께서 저희에게 목표의식을 갖게 해
주세요. 고마운 선생님이세요.

해밀학교에 다니는 지현이는 "제가 중학교 때부터 지각을 많이 했는
데 해밀학교 가면서 선생님과 대화도 많이 하고 학교 가기 싫다는 생각
이 들지 않았어요"라고 말한다. 아이들은 그렇다. 학교가 나에게 관심을
기울이면 어떤 일이 생겨도 학교에 가려고 노력한다. 기관지에 염증이
생겨 몸이 아픈데도 링거 투혼으로 오는 학생도 있다. 학교가 재미있어
서 아파도 학교는 꼭 온다. 학교가 재미없어서 자퇴했던 아이가, 아침에
일어나면 '학교 가야지'라는 생각만으로 기어이 학교에 간다. 정말로 그
런 학교가 있을까?

해밀학교는 전국 최초의 국공립 중·고 통합 대안학교이다. 해밀은 '비
온 뒤 맑게 갠 하늘'이라는 뜻. '위스쿨'이라고 하는 중장기 위탁형 교육

기관으로 짧게는 6개월, 길게는 1년 동안 아이들을 보호하고 상담하고 치유한 후 소속 학교로 되돌려 보내 정상적인 학교 생활을 하도록 도와주는 것이 목표다.

폭력의 당사자인 가해 학생, 피해 학생, 외국에서 오래 생활해 한국 학교에 적응하지 못하는 아이, 친구와 사이가 안 좋은 아이, 선생님과 싸운 아이, 학교 폭력으로 퇴학 처분 받은 아이들이 섞여 있다. 부모와 대화가 통하지 않거나, 부모가 포기하거나, 방치를 해서 오는 경우도 많다. 나름의 트라우마로 갈등의 골이 깊은 아이들은 서로의 관계를 풀어가는 데도 서툴기만 하다. 하루가 멀다 하고 수업 시간에는 고성방가가 오가고 욕설이 난무하는 교실. 그런 친구가 싫어 학교와 수업을 거부하는 악순환이 반복된다.

만약 친구 관계가 좋아지면 학교 오는 일도 좀 즐거워질까? 수업의 질을 따지는 것보다 학교에 오는 것 자체에 공을 들여야 하는 선생님으로서는 전환의 계기가 필요하다.

해밀학교에 들어오기 위해서는 치열한 경쟁을 거쳐야 한다. 이 학교의 학생 수는 40명, 그리고 선생님은 교장 선생님, 상담 선생님 등을 모두 포함해 20명이다. 교사 일인당 학생수가 2, 3명인 셈이다. 해밀학교에도 다른 학교와 같은 기본적인 생활 규정이 있다. 색조 화장이나 머리카락 염색, 문신은 금지한다. 오토바이 타기, 흡연도 물론 금지다. 최소한의 생활 규정을 지키지 않으면 벌점이 쌓이고, 벌점을 초과하면 다시 원 학교로 돌아가게 된다. 선생님들이 아이들이 강하게 반항할 때마다 외치는 "너 그러면 원래 학교로 되돌려 보낸다"라는 말은 공포 그 자체다.

닷새 동안 예비 적응 프로그램을 받은 아이들은 공립형 대안학교인 만큼 정규 교과 과정을 밟는다. 절반은 일반학교에서 배우는 교과, 즉 국어, 수학, 사회, 과학, 영어 등 기본 8교과를 배운다. 단 원래 시수보다 적다. 일반 과목의 시수를 줄인 대신 나머지는 대안교과를 배운다. 대안교과에서는 바리스타, 제과제빵, 그룹 사운드(드럼, 기타 리듬 악기), 댄스, 무용 등을 배우고 활용할 수 있다. 당구 과목도 개설할 예정이다. 이것저것 대안교과에서 배운 기술은 모두 아이들의 특기가 된다.

대안교과를 배우는 요일은 월요일과 수요일. 아이들은 이 시간에는 자신이 배우고 싶은 과목을 4개까지 선택할 수 있다. 음악, 미술, 독서 등의 과목은 치료의 방법으로도 활용하고 있다. 당연히 대안교과 시간에는 자는 아이들이 없다. 수업 시간에 한 번도 참여한 적이 없던 아이가 자신이 고른 과목을 들을 때는 수업 태도부터 달라진다. 더욱 신기한 건, 국어, 영어, 수학 시간에도 최소한 잠은 안 잔다는 점이다. 재밌지도 않고 지루하기만 했던 정규 교과 과정에도 조금씩 재미를 붙여가는 것이다. 게다가 선생님이 관심을 기울여주시니, 선생님을 실망시키지 않기 위해 최소한 학교는 안 빠지려고 학교에 성실히 온다. 마음이 빗나간 채로 밖으로 돌면, 담임 선생님이 전화해서 "선생님은 너를 사랑하고 믿는데 왜 안 왔어"라고 전화한다. 늘 문제아로 찍혀 감시만 받아온 아이에게는 특별한 일이다.

해밀학교에 다니는 현웅이는 중학교 때만 해도 성적이 중상위권이었다. 그런데 고등학교에 올라오면서 문제가 불거졌다. 실용음악을 하고 싶어서 야간자율학습을 빠지고 공부에 소홀했다. 결국 성적이 떨어지고 9등급이 나왔다. 공부를 못하는 학생으로 찍히자 주변 시선도 바뀌었다. 현웅이의 생활도 변했다. 노래방 갔다가, 당구장 갔다가, 게임장 갔다가 밤늦게까지 실컷 놀다 들어오기 일쑤였다. 실컷 놀고 났는데도 기분은 썩 좋지 않았다. '내가 뭐했지', '오늘 하루 또 허비했구나'라는 생각이 들었다. 해밀학교에 온 요즈음에는 쓸데없이 시간을 보내는 것보다 차라리 일을 하자고 생각해서 자신이 하고 싶은 일을 한다.

자기가 진짜 하고 싶은 걸 하는 학교에 대한 만족도는 매우 높은 편이다. 만약 기타를 배우고 싶다면 몇 달 동안, 자신이 싫다고 할 때까지 기타를 배울 수 있다. 공부하기 싫다고 하고, 학교만 오면 머리가 지끈거린다는 아이들을 학교 안 온다고 징계하고, 출석 정지시키면 좋은 건 없다. 단지 국가 교육 기관에 대한 신뢰가 무너지는 것뿐이다. 이런 아이들은 대신 자신이 좋아하는 기타를 쥐어주면 하루 종일 기타를 친다. 이렇게 뭔가 하나라도 배우면 나중에 자기 밥 벌이는 할 것이라는 생각이다.

무엇보다 고민 많고 걱정 많은 학생들이 대다수다보니, 여느 학교보다 선생님과 학생이 소통할 수 있는 시간이 많다. 아이들의 정신적 지주로 불리는 강현숙 선생님 또한 아이들의 편에서 이야기를 들어주고 힘이 되는 말을 아끼지 않는다. 선생님이 언제나 내 편이라고 생각한다면, 학교가 얼마나 행복할까.

내 편일 때 선생님은 내 작은 변화도 알아봐주다. 무엇보다 선생님이 나를 이해해준다고 생각하면 다른 사람은 몰라도 자신이 좋아하는 선생님만큼은 실망시키기 싫어서 행동도 조심스러워지고 말도 가려서 하게 되는 법이다.

음악 수업

선생님이 교가를 만들기로 했다. 가사를 만들고 멜로디를 만들어서 교가를 만드는 대작업이다. 아이들이 교가에 들어갈 가사를 의논했다. 해밀을 풀이한 '비 온 뒤 맑게 갠 하늘'을 어디쯤에 넣자고 제안하면, 강현숙 선생님은 아이들 의견을 종합하고 정리한 다음, 여기에 여러 가지 멜로디를 반주해 아이들의 의견을 구한다.

수업 내내 선생님은 말로, 몸짓으로 칭찬을 아끼지 않는다. 아이들이 노래를 부르면 "우와, 좋아!" 감탄사를 내뱉고, "노래로 불러주면 더 좋겠다"고 요구도 하고, "진짜 굉장한 곡이 나온 거야. 완전 짱이었어" 하고 진심 어린 칭찬도 한다. 그렇게 노래 가사는 완성되었다.

어디에서 살다가 여기 와 있나
방황의 시절은 이제 그만, 스탑!
메마른 땅 물 주고 거름 주는
행복과 희망을 심어주네
이해와 사랑이 가득한 우리 선생님
비온 뒤 맑게 갠 하늘
해와 달을 따라 우린 간다
행복과 희망이 넘치는 해밀학교

칭찬을 많이 하는 선생님은 흔하다. 그런데 왜 아이들이 강현숙 선생님을 잘 따르는지 궁금했다. 선생님의 특별한 인기 비결은 무엇일까?

선생님과 아이들이 하나가 되어 마음속의 하모니를 완성한다.

"그냥 아이들에게 말 거는 거요."

강현숙 선생님은 이 아이들을 우리가 경험 못 할 큰 일을 겪은 아이들이라고 한다. 때로는 욕도 하고 수업 방향을 잘 안 따라와 화가 날 때도 있지만, 이 자리에 있는 것만으로도 용한, 예쁜 아이들이다. 하지만 아무리 이해하려고 해도 선생님의 뜻과 다르게 지나친 행동을 하거나 산만하거나 딴짓을 해 화날 때가 없을까?

선생님의 대답은 의외로 '화가 난다'였다. 하지만 웬만해서는 화를 내지 않는다고 덧붙인다.

"우리 생각 이상으로 큰 일을 겪었던 친구들이 많거든요. 그냥 이 자리에 있다는 것만으로 용하다는 생각이 들 정도로요. 그렇게 생각을 하니 이 아이들이 왜 이러는지 이해가 돼서 화가 나도 화를 덜 내게 돼요."

— 강현숙 선생님

사람들은 왜 모를까
봄이 되면
손에 닿지 않는 것들이
꽃이 된다는 것을

— 해밀학교와 함께한 김용택 시인이

편견 없이 아이의 울타리가 되어주기

우리 학교 아이들이 학교로 오는 길은 복도입니다. 세상에서 가장 짧은 등굣길입니다. 그래도 아이들은 웃으면서 집에 돌아가고 웃으면서 등교합니다. 우리 학교는 아이들이 사는 시설이 붙어 있습니다.

짧은 길이지만 제가 출근 시간에 보면 아이들은 정말 즐겁게 학교에 오거든요. 오늘은 뭘 배울까 기대하면서 오는 아이들을 보면 기분이 좋아집니다. 원래 이 아이들은 근처 학교에 갈 수 있었는데 학부모들의 반대가 심해서 수녀님들이 우리 아이들을 지키기 위해 학교를 세우게 되었습니다.

어떤 분은 우리 아이들이 부모가 안 계시다고 품성이 삐뚤지 않을까 걱정합니다. 우리 아이들은 수녀님들의 사랑, 자원봉사자님의 사랑, 학교 선생님들의 사랑을 받아서 밝고 명랑하게 자라고 있습니다. 이런 아이들에게 부모님이 안 계시다고 딱딱한 시선을 줄 것이 아니라 귀한 사랑을 주면 이 아이들이 언젠간 귀한 사람이 될 것이라고 생각하며 교육하고 싶습니다. 우리 학교를 사랑하고 싶습니다.

부산 알로이시오초등학교 이재훈 선생님은 이 학교의 아이들을 "어느 학교의 아이들보다 더 밝고 명랑하고 쾌활하게 학교 생활을 하고 있고, 바르게 자라고 있는" 아이들이라고 소개한다. 알로이시오초등학교는 돌봐줄 부모님이 없는 아이들, 미혼모 아이들을 위해 마리아 수녀회에서 운영하는 학교다. 학교 이름도 한국 전쟁이 끝나고 부산에서 어려운 아이들을 거둬 보살펴준 신부의 이름을 땄다. 이 학교가 개교한 지는 3년. 아동 보호 시설에 있던 아이들을 일반학교에 보내려고 하자, 지역 주민들과 학부모들의 심한 반대에 직면했다. 그래서 십시일반으로 돈을 모아 세운, 부모 없는 아이들을 위한 학교다.

부모 없이 큰 아이들에 대한 세상의 편견은 생각보다 지독하다. 부모의 울타리가 없어서 가장 보호받고 사랑을 받아야 할 나이에 이 아이들은 세상의 편견과 먼저 만난다. 그래도 다행인 건 부모의 빈자리를 채워줄 수녀님과 선생님이 있다는 것이다. 낳아준 부모보다는 못할지도 모르지만, 그래도 사랑을 듬뿍 받은 아이들은 밝게 세상을 보고 웃을 줄 안다. 그것만으로 아이들에게 감사하다.

알로이시오초등학교 아이들은 사는 집도, 학교도 이곳이다. 축구도 하고, 달리기도 하고, 거의 온종일 운동장에서 산다. 이 아이들에게 학교란, 여느 초등학생들처럼 공부하고, 놀고, 체육하고, 운동장에서 뛰어놀고, 끔찍한 시험을 치르는 곳이다.

여느 초등학생들처럼 힘이 넘치는 이 아이들에게 선생님은 아빠가 되기도 하고, 엄마가 되기도 하고, 언니 오빠가 되기도 한다. 이곳이 다른 학교와 무엇이 다르냐는 질문에 선생님은 이렇게 답한다.

"친구들은 같은 꽃밭의 꽃들인데 이 아이들은 그 꽃밭에서 거리가 좀 떨어져 있어요. 멀리서 보면 다 똑같은데 가까이서 봤을 때는 그 차이가 있어요. 거기에 금을 긋고, 사람들이 점점 더 멀어지니까 가까이 봐주고, 받아주기를 바라죠."

이 아이들은 고아라는 말의 뜻을 모른다. 아니, 내심 의미는 알고 있어도 모른 척하는지도 모른다. 그래서 아이들이 "고아가 뭐예요?"라고 물어오면 선생님은 "부모님이 다 안 계시면 고아야. 그런데 너는 길러주는 엄마(수녀님)와 이모(자원봉사자)가 계시니까 고아가 아니야"라고 말한다. 과연 이 친구들에게 만족스러운 답이 되었는지는 선생님도 잘 모른다. 다만 이 아이들에게 지속적으로 관심을 주어서 소외받거나 외로움을 느낄 시간을 주지 않으려고 한다. 그 노력이 통했는지 다행히 아이들은 표정이 밝다.

체육 시간

선생님이 2학년 아이들의 줄을 세우고 있다. 책가방을 가지런히 줄 맞춰 놓고 피구를 하기 시작했다. 책가방은 우리 팀과 상대 팀을 가르는 선이 된다. 천방지축으로 뛰어놀던 아이들, 경기를 시작한 지 얼마 되지 않아 한 여자 아이가 친구와 부딪쳤다. 세게 부딪쳤는지, 아이는 엉엉 울기 시작했고, 지켜보는 선생님도 걱정스럽기만 하다. "괜찮아?" 물어보지만, 아이는 울음을 그치지 못한다. "가자, 손잡고. 가자, 가자~." 아이를 일으킨 선생님이 아이를 달래자 또 다른 아이가 운다.

좀처럼 마음을 못 푸는 아이들 속을 선생님은 안다.

"제가 가장 답하기 힘들었을 때가 '선생님은 저와 같은 상처가 없잖아요', '나를 길러주는 엄마는 있는데 나를 낳아준 엄마는 몰라요'예요. 이렇게 아이가 말할 때 마음이 많이 저리죠."

알로이시오초등학교 아이들이 사는 집에는 한 방에 8명의 아이가 있다. 드나드는 시간이 달라서 오는 대로 밥을 먹는다. 밥 먹고 돌아서서 아이들은 어느새 청소를 시작한다. 아직 초등학교 저학년이지만, 걸레질 하고 바닥을 쓰는 솜씨가 예사롭지 않다. 마냥 어리광을 부릴 것 같은 아이들은 기숙사로 돌아오면 군소리 없이 제 할 일을 다 한다.

청소가 끝나면 숙제장을 펴고, 공부를 봐주는 봉사자 엄마와 함께 오늘의 숙제를 한다. 돌봐주는 봉사자 엄마도 공부 시키는 데 열심이다. 그래야 이 아이가 기죽지 않고 나중에 홀로 설 수 있기 때문이다.

어른들이 해줄 수 있는 건 이 정도뿐이다. 학교와 기숙사라는 공간 안에서 기본적으로 해줄 수 있는 것밖에 없다. 부모와 같이 사는 아이들은 엄마, 아빠의 손을 잡고 외출하고 일상적인 대화를 나눈다. 밥은 먹었는지, 숙제는 했는지, 오늘 학교에서 어떤 일이 있었는지, 누구와 친해졌는지, 싸웠는지를 이야기한다. 하지만 이 아이들은 이러한 평범한 대화들을 나누는 게 그리 쉬운 일이 아니다. 그 많은 아이들의 이야기를 일일이 다 들어주기가 어렵기 때문이다. 집에서의 일상적인 대화는 대화로만 끝나지는 않는다. 엄마나 아빠와 대화를 하면서 아이는 간접적인 경험들을 쌓고, 해결하지 못한 문제나 고민이 있을 때는 도움을 얻는다. 그러나 이 아이들에게는 그러한 평범한 대화 시간이 많지 않다.

대신 아이들은 선생님을 보면 안아달라고도 하고, 점심 시간이면 선생님 손을 잡고 걸어간다. 아직 어린 나이라 그 마음을 더 순수하게 표현하는지도 모른다. 자신을 좀 더 사랑해달라는 의미로 말이다. 그런 아이들을 보호하고 지켜주는 곳, 그곳이 학교가 되어야 하지 않을까?

"학교는 이 아이들에게 삶의 전부라고 생각합니다. 공기와 같이 항상 함께 있고 자기를 보호해줄 수 있는 곳이죠. 이 공간이 없다는 것 자체는 생각할 수도 없는 소중한 곳이요."

– 이재훈 선생님

아이들이 바람에 날리는 꽃잎을 따라다닌다
가벼이 떠서 나는 나비떼 같다

저 오래된 인류의 희망
꽃 이파리들이 하얗게 굴러가는,

아이들이 뛰노는 땅에 엎드려 입 맞추다

– 김용택 시인

학교의 형태는 다양해졌지만

통계청 자료에 의하면 한국인의 평균 수명은 2009년 여성은 79.2세, 남성은 71.7세다. 여성의 평균 수명은 OECD 국가 중 6위다. 2011년 조사 결과에서는 평균 수명이 더 늘어난 것으로 나왔다. 스무살이 안 된 지금의 우리 아이들이 성장해 부모 세대가 될 즈음이면 평균 기대 수명도 늘어나 90세가 넘을 것이다.

사람들의 기대 수명이 늘어나는 동안, 우리 사회도 많이 변했다. 가족의 형태도 다양해졌다. 결혼한 남녀와 그 자녀만을 일컫던 가족의 개념도 그 뜻이 확대되었다. 혼인과 혈연 중심의 사회적 통념에서 벗어나 한부모, 이혼, 다문화, 미혼모 등 다양한 가족의 형태가 등장했다. 문화, 경제 등 각 분야에서의 사람들의 요구도 다양해졌다. 인문계, 실업계, 예·체능계로 3등분되던 교육 분야도 마찬가지다.

학생들의 창의성과 재능을 반영해 일반고등학교 외에 다양한 유형의 고등학교가 생겼다. 과학고, 외국어고, 국제고, 예술고, 체육고, 마이스터고 등이 포함된 특수목적고와 자율형 사립고, 특성화고, 자율형 공립고, 중점학교, 일반고 등 설립 목적에 따라 운영 방법도 구별된다. 학교마다 자율권을 주어 필수 이수 단위를 제외한 나머지는 학교 재량껏 편성할 수 있다. 예컨대 과학에 흥미가 있는 아이는 과학고나 과학 중점학교, 영어를 잘하는 아이는 영어 중점학교나 외국어고 등을 선택할 수 있는 것이다.

고등학교의 종류가 많아지면서 학생들의 선택권도 그만큼 넓어지게 되었다고는 하지만, 그 현실은 조금 다르다. 특목고나 과학고는 상위 몇 퍼센트 이내의 학생들만 들어갈 수 있는 명문고로 부상했고, 그 특성과 상관 없이 또 다른 입시 명문고가 되었다. 오히려 경쟁 관계를 조장해 공부에 대한 압박과 스트레스를 준다는 비판도 있다.

시대가 바뀌었다고는 하지만 대안학교나 실업고는 세상의 따가운 시선에서 자유롭지 못하다. 부산과 서울 두 군데서 운영하는 알로이시오 초등학교의 경우, 서울에 있는 초등학교는 2015년 폐교가 결정됐다. 학생 수가 줄어들고, 알로이시오를 운영하는 수녀들이 고령화되면서 인력이 부족해졌기 때문이다. 학교는 다양해졌다고는 하지만, 그 다양함 속에서 학교가 놓치지 않고 추구해야 할 가치와 목표는 무엇일까.

서울 종암중학교, 인천 해밀학교, 부산 알로이시오초등학교, 서울 광신고등학교, 서울 산업정보고등학교, 서울 여자상업고등학교, 서울 꿈타래학교….

여기에 나오는 학교들의 이야기는 학교를 다시 세워야 하는 이유를 말해준다. 질풍노도의 시간을 함께 넘어주는 나이 든 선생님을 통해 학교란 무엇인지를 일깨워주고 있다. 좋은 수업을 통해 배움의 즐거움을 일깨워주는 교사와 학교를 떠나온 아이들의 얼룩지고 상처 입은 마음을 읽어주는 학교야말로 학교를 다시 세울 수 있는 힘이다.

교장 선생님의
하고 싶은 이야기

아무도 몰랐던 교장 선생님의 일상을 건드리다

선생님의 고백에 이어 좀 더 특별한 이야기를 해보려한다. 우리는 모두 이 분을 안다. 초등학교 6년, 중학교 3년, 고등학교 3년 이 분과 함께 지냈다. 아침 조회 때, 운동회, 입학식, 졸업식, 그리고 가끔은 복도에서 이 분과 마주치기도 한다. 이 분은 과연 누구일까?

바로 우리나라 직업 만족도 조사 결과 1위를 차지한 교장 선생님이다.

아주 어렸을 적, 우리의 기억 속 교장 선생님의 모습은 무섭고 권위적인 모습이었다. 24시간 교실을 돌아다니며 매의 눈으로 아이들이 딴짓하지 않고 수업을 잘 듣는지, 선생님은 아이들을 잘 가르치는지 감시하는 존재였다.

학교의 최고 경영자이자 책임자인 교장 선생님에 대한 단편적인 기억에 불과하지만, 교장 선생님이 무슨 일을 하는지 학생이나 부모는 잘 모른다. 시대가 여러 번 바뀌고 학교도 그 변화의 중심에 있지만 예나 지금이나 교장은 권위의 상징이고 두려움의 대상이다. 한창 자라나는 학생뿐 아니라 이미 사회의 구성원인 교사, 학부모에게 교장은 여전히 두렵고 어려운 존재라는 건 변함이 없다.

학교의 수장인 교장에게 주어진 일은 아주 많다. 학생 교육과 생활 지도는 물론이요, 교무 관리와 교사 지도, 학부모 교육 등 학교 공동체를 구축하기 위해 노력하고 교직원과 학생의 복지 증진을 위해 힘써야 한다. 교육에 대한 관심이 폭발적으로 늘어나고 그 중요성이 강조되면서 교사와 학생, 학부모뿐 아니라 지역 사회에 미치는 영향도 크다. 단순한 행정 관리자라기보다는 학교 경영과 발전을 좌우하는 최고 책임자의 위치에 있다고 할 수 있다. 급변하는 사회에 자라나는 아이들의 교육을 책임지는 학교가 다양한 방법을 모색하고 발전하면서 교장에게 요구되는 능력도 점점 복잡해지고 다양해지기 시작했다.

〈학교의 고백〉의 전편인 〈학교란 무엇인가〉는 전문가들을 초빙해 학교의 아픈 문제들을 건드리고, 분석하고, 비판하며 공교육의 본질을 회복해나가는 과정이었다. 그리고 그 변화의 중심에는 학교의 주체인 선생님과 학생과 부모가 있었다. 아이들과 소통하기 위해 노력하는 선생님들의 뜨거운 눈물 또한 인상적이었다. 교육 현장에서 교육적 이상과 현실적 괴리에서 오는 갈등으로 고민하는 선생님들은 학생과 소통하기 위해 노력했고, 산만하던 아이들은 선생님의 말에 집중하는 변화를 보여줬다.

학교의 다양한 주제들이 보여주는 변화의 모습에 사람들은 뜨거운 반응을 보였지만, 그중에는 또 다른 불평과 불만도 있었다. 잘못 가고 있는 교육이 교사만의 잘못이냐, 교사만 바뀌어야 하는가에 대한 볼멘소리였다. 아무리 이상적인 학교 변화안을 교사가 내놓아도 결정권자인 교장이 승낙하지 않으면 그 변화는 기대하기 어려운 게 현실이다. 그래서 제작진이 교장 선생님들에게 깜짝 제안을 하기로 했다. 국내 최초로 교장 선생님의 일상을 들여다보기로 한 것이었다. 교장 선생님에게 요구하는 학교들의 간절한 바람도 올라왔다.

"교장실 들어가기가 무서워요."
"우리 교장 선생님은 우리에게 너무 많은 걸 원하세요."
"너무 바쁘신 우리 교장 선생님! 지금보다 더 많이 대화해주세요."
"교장 선생님, 저희도 칭찬받고 싶어요. 아이들에게 하시는 것처럼 저희도 사랑해주세요."

학교장이 변해야 한다는 요구는 학교 현장에 있는 교사나 학부모뿐 아니라 현직 교장 선생님들도 동의하고 있었다. 학교의 혁신은 리더인 학교장의 변화에서부터 출발해 학교 구성원인 선생님들에게 내재된 잠재능력과 생각을 발현하고 변화시킬 수 있기 때문이다. 또한 학교의 최고 책임자인 교장 선생님의 변화는 가장 빠른 시간에 가장 효율적으로 학교를 변화시키는 방법이기도 하다.

그러나 현실은 생각만큼 수월하지 않았다. 교장 변신 프로젝트에 참여할 교장 선생님을 모집한다는 광고를 홈페이지에 띄워 놓았지만 단

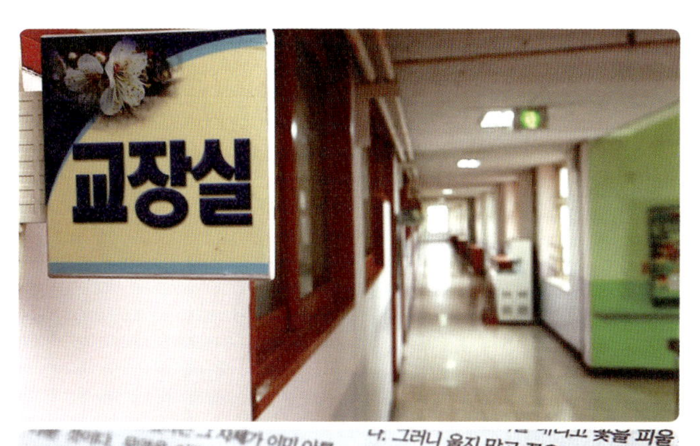

"교장 선생님의 마음이 궁금하다!"

한 사람의 신청도 들어오지 않았다. 제작진이 직접 교장 선생님들을 찾아가 제작 의도를 설명하고 섭외에 나섰다. 그러나 일선에서 만난 교장 선생님들의 반응은 회의적이었다. 기획 의도는 이해하지만 주제를 이끌어 나가기에는 어려운 부분이 있다. 또는 변화하고 싶은 욕구는 있지만 다들 용기가 부족하다는 등의 의견이 돌아왔다. 그렇게 한 달 여의 우여곡절 끝에 세 분의 교장 선생님이 용기를 내 도전했다. 부천 부명초등학교 신현철 교장 선생님, 김포 사우초등학교 이흥신 교장 선생님, 용인 보평초등학교 서길원 교장 선생님이 그 주인공이다.

교장 변신 프로젝트가 진행되는 7개월 동안 카메라는 쉬지 않고 교장 선생님들의 하루 일과, 일거수일투족을 따라다녔다. 선생님, 교직원, 학부모, 아이들과의 인터뷰도 진행됐다. 색다르게 촬영 영상을 함께 보고, 전문가가 개인의 단점을 지적하는 기존의 코칭 방법에서 탈피해 상대방의 배울 점을 벤치마킹하는 셀프 코칭을 실시했다. 이 프로젝트의 가장 큰 과제인 '교장 선생님의 역할이 무엇인가'에 대해 가장 잘 말해 줄 수 있는 사람들이 바로 선생님들이고, 교장 선생님의 변화는 바로 선생님들과 함께 이루어가야 할 문제였기 때문이다. 서로의 학교를 바꾸어 하루 동안 생활하는 '일일 교장 바꾸기'를 통해 각자의 장점을 찾아 직접 실천 과제를 정했다. 물론 도전 과제를 수행하는 과정과 교장 선생님과 학교의 변화 또한 빠짐없이 기록했다.

막중한 책임을 안고 교육 최전선에 있는 존재가 교장 선생님이지만 지금까지 교장 선생님에 대한 정보는 부족했다. 그 일상은 일종의 성역이 되어 한 번도 밖으로 드러난 적이 없었다. 그동안 드러나지 않았던 교장 선생님들의 일상과 선생님들의 불만, 교장 선생님들의 좌절과 변

"국내 최초, 교장 선생님 변신 프로젝트"

하기 위해 노력하는 그들의 눈물 겨운 분투기가 시작되었다.

리더십으로 말하는 교장 선생님의 역할

"풀이 나고, 죽어 있는 그대로 내버려두고 아이들에게 보여주고 싶어
요. 식물이 죽었으면 왜 죽었는지 아이들이 스스로 생각해서 찾아보게
하는 것이 좋은 것 같아요."

– 신현철 교장 선생님

"교장 선생님 변신 프로젝트가 성공할까요?"란 질문에 "기획 의도는
알겠는데 주제를 이끌어나가기에는 어려운 부분이 있지 않을까요"라고
회의적인 답변을 한 선생님이 있었는데, 그 분이 바로 신현철 교장 선생
님이다.

교장 선생님의 모습은 흔히 떠올리는 위엄 있는 교장과는 거리가 멀
다. 교사나 학생은 물론이고, 학부모를 대할 때도 친근한 태도로 학교
의 궂은일도 마다하지 않는 교장 선생님은 인기 만점이다. 운동장에서
학교 일을 돕고 있는 학부모들을 보면 발이 먼저 움직여 그 틈에 자연스
럽게 뛰어든다. 그러니 학부모들의 칭찬이 끊일 새가 없다. "항상 귀를
열어 놓고 들어주시려고 해요", "다른 교장 선생님보다 더 열린 생각을
가지고 계신 것 같아요. 아이들 위주로 생각해주시고요"라며 새로 오신
젊은 교장 선생님에 대해 높은 기대를 드러냈다. 뛰어놀기 좋아하는 아
이들과도 스스럼이 없다.

그러나 이러한 교장 선생님에게 깊은 고민이 있다.

Before 결론 없는 회의 시간

교사나 행정 직원들과 회의하는 시간은 거의 듣는 시간이다. 결정을 내려줘야 하는 시간에도 재빨리 결정을 하지 못하고 계속 미루는 분위기다. 이를 교장 선생님은 여러 선생님들의 의견을 하나도 허투루 할 수 없기 때문에 어느 하나로 결정하기가 쉽지가 않다고 했다.

교장 선생님의 심사숙고는 그 원인이 혁신 학교 초창기, 다양한 의견을 수렴하기 위한 과정에서 오는 것일 수도 있지만 교장 선생님이 현장 경험이 많지 않은 데서 오는 미숙함과 교장 선생님의 우유부단한 성격 때문일지도 모른다고 이야기하는 선생님도 있었다. 리더로서 강력한 카리스마를 발휘해야 할 시기에 너무 고민만 하고 있다는 뼈아픈 충고다.

셀프 코칭이 끝나고 2주일 후, 다시 만난 신현철 교장 선생님은 과거와 다른 모습의 아침을 맞고 있었다. 스스로 정한 도전 과제인 '솔선수범으로 리더십 기르기' 수행에 들어갔기 때문이다.

After 소통의 리더십 '솔선수범' 실천하기

미션 1 : 아침맞이

교장 선생님이 날마다 아침맞이를 하는 것은 쉬운 일은 아니다. 그렇지만 아침에 아이들과 인사하는 교장 선생님에게 에너지가 생기는 것이 느껴진다. 또, 학교가 아이들은 따뜻하게 맞아주는 것으로 생활지도 문제도 많이 풀어지고, 무너지는 아이들과의 관계도 회복할 수 있는 가능성을 보았다. 교장 선생님이 이러한 솔선수범을 보임으로써 선생님들도 기꺼운 마음으로 교실에서 아이들을 따뜻하게 맞이할 것이라 기대한다. 300명 정도 되는 전교생들의 이름도 외우려고 한다. 형제가 많고 숫자가 많은 까닭에 아직 헷갈리기도 하고, 이 이름이 맞는지 헷갈리기도 하지만, 아이들 이름을 부르면 정말로 좋아하는 모습이 아직까지도 선하다.

미션 2 : 휴지 줍기

그리고 두 번째 교장 선생님의 변화! 이제 고민하지 않고 학교 안팎에 떨어진 휴지를 줍는다. 교장 선생님이 직접 휴지를 줍자, 아이들은 교장 선생님의 이런 행동에 관심을 가지면서도 이상하게 생각했다. 그러나 차츰 휴지를 버리는 아이들도 줄어들고 한 명, 두 명 교장 선생님에게 휴지를 주워 가져오는 아이들이 생겨나고 있었다. 심지어 지나가던 지역 주민들이 사탕도 주시고 훌륭한 분이라고 칭찬도 한다. 칭찬을 들으면 부끄럽긴 하지만 지역 주민들이 좋아하는 모습에 뿌듯한 마음이 더 크다. 교장 선생님에게는 이 작은 일이 기다린 만큼 큰 기쁨으로 다가왔다.

미션 3 : 바뀐 교장실 문

교장실 문이 투명 유리로 바꾼 것이다. 이제 누구나 교장 선생님이 교장실에 있는지, 교장실에서 뭘 하는지 볼 수가 있다. 그전까지 교장실은 폐쇄적인 공간이었다. 불투명 유리로 가로막혀 복도를 지나가는 아이와 선생님들은 교장실 문을 열지 않는 한 교장 선생님이 그곳에서 무엇을 하는지 볼 수가 없었다. 교장실 안이 훤히 보이자 아이보다 오히려 선생님들이 가장 좋아한다. 교장실에 들어가려면 문을 노크하고 안에 있는지 확인해야 했지만, 그런 형식적인 절차가 없어지고 교장 선생님이 안에 있는지 확인하고 들어오면 된다.

교장 변신 프로젝트! 짧지 않은 7개월 동안의 노력으로 교장 선생님의 회의적인 생각도 바뀌었을까? 우선 '쿨한' 교장으로의 변모가 이루어졌다. 무엇보다 교장 선생님의 변화는 교사와 아이들에게 전파되고 있었다. 다섯 달 동안 하루도 빼놓지 않았던 신현철 교장 선생님의 아침맞이는 이제 각 교실에서도 이루어지고 있다. 아이들의 이름을 외워 부르고, 아이들을 안아주는 아침맞이는 아이들뿐 아니라 선생님들에게도 학교에서의 행복감을 알게 해주었다. 교장 선생님의 가장 큰 문제였던 '결단력 부족' 문제는 어떻게 되었을까? 교무회의에서 교장 선생님은 선생님들에게 아침맞이를 권하기도 하고, 이전보다 결정할 일에 대해 단호한 태도가 두드러졌다. 선생님들조차 교장 선생님이 달라졌다며 놀라워하고 있다. 그러나 교장 선생님은 기다리는 일을 포기하지는 않았다. 자신이 나서서 개입하는 것보다 선생님들이 스스로 할 수 있도록 기다려주는 것이 더 좋다는 믿음을 버리지 않았다.

교장 선생님이 찾은 리더십은 바로 솔선수범하는 것이다. 강제하거나 끌어가기보다 몸으로 역할을 먼저 보여서 함께 가는 방향과 비전을 보여주는 리더십이다. 이전까지 학교 구성원들의 여러 의견을 들어주고 스스로 결정할 수 있도록 끝까지 기다릴 수 있었던 건 누구보다 구성원들과 함께 갈 준비가 되어 있다는 뜻이기도 하다. 여기에 솔선수범한 '실천'을 더함으로써 교장 선생님은 '앎과 삶'이라는 부명초등학교의 목표와 비전을 구성원들과 공유하게 된 것이다.

> "아침맞이 솔선수범하시는 것도 교장 선생님이 그렇게 해주시니까 그게 리더십인 것 같아요. 일방적으로 끌어가거나 이런 것들보다는 자연스러운 과정에서 이뤄지게 하는 것, 그것이 교장 선생님의 리더십으로 여겨져요."

교장 선생님은 선생님만의 새로운 리더십을 찾기 위해 첫발을 내디뎠다. 선생님들은 강한 카리스마의 리더십을 요구했지만 선생님은 기다림과 솔선수범의 리더십을 찾아냈다. 이제 선생님들도 차츰 교장 선생님을 이해하고 교장 선생님의 변모를 기대로 지켜보고 있다. 교장 선생님이 꿈꾸는 비전은 무엇일까? 그 답은 교장 선생님의 텃밭 자랑에서 찾아볼 수 있겠다. 각양각색으로 자란 생명이 충만한 텃밭. 있는 그대로 두어, 죽을 것 같았던 생명이 살아나 놀라운 변화를 증명하는 곳이다.

최고의 학교 경영을 꿈꾸다

> "교장 선생님으로서 진짜 성공한다는 건 나를 좋아하는 거라고 생각해요. 아이들은 선생님을 좋아하고 선생님들도 교장을 좋아한다면 성

공한 것 아닐까요?"

– 이흥신 교장 선생님

임명제였던 교장 공모가 2007년부터 시범학교를 대상으로 '교장 공모제'로 실시되었다. 교육 과정이 개정된 후 학교마다 자율성을 가지고 책임 경영을 해, 보다 현실적인 교육의 변화를 끌어내자는 취지다. 이후 2008년부터 2010년까지 총 526개 학교가 교장 공모제에 참여하였고, 2010년부터는 전국 단위에서 교장 공모제가 실시되고 있다.

이에 따라 교장 자격증과는 무관하게 교사 경력 20년 이상의 평교사도 공모로 교장에 취임할 수 있는 길이 열렸다. 공교육의 현장을 잘 알고 끊임없이 탐구하고 실천하는 역량 있는 교사가 학교 경영에 참여할 수 있게 된 것이다. 자격 조건과 절차에 따라 다르지만 교장 공모제의 대부분은 교장 자격증 소지자를 대상으로 일반학교에 공모를 실시하는 초빙형이다. 공모제 교장은 임기 4년으로, 전체 교원의 절반가량을 초빙할 수 있고 재정 지원과 함께 자율 경영권 등을 부여받는다.

교장 공모제는 많은 한계도 드러내고 있지만 교장 공모제를 실시한 학교들에서 긍정적 변화가 일어나고 있다. 교장 공모제를 통해 학교 운영이 민주화되고 교육 환경이 개선되고 있으며 무엇보다 학생과 학부모, 선생님 사이의 소통의 기회도 많아졌기 때문이다.

이흥신 교장 선생님은 바로 교장 공모제를 통해 김포 사우초등학교에 부임한 경우다. 교장 선생님이 학교 운영에서 가장 열정을 쏟는 것은 수업이다. 선생님들은 1년에 4번 정도 동료들이나 학부모이 참관하는 공개 수업을 한다. 그리고 이것을 비디오 촬영하여 코칭도 받고 같은 학년 선생님들과 공유도 한다. 수업 참관에는 교장 선생님과 교감 선생님, 수업이 없는 동료 선생님들이 들어간다. 그러고 나서 연수 형식의 회의를 통해 평가와 피드백을 나눈다. 이 과정에서 교장 선생님은 필요하다면 자료도 만들어 적극적으로 참여한다.

바쁜 틈에도 학교를 찾아오는 사람들의 차까지 직접 대접하고, 직원들과 선생님들의 개인적 사정까지 자상하게 챙기는 교장 선생님은 어디한 군데 흠잡을 곳이 없다. 교장 선생님은 학교 경영, 교육 연구, 시설관리까지 어디 한 군데 흠잡을 데 없이 완벽해 보였다.

Before 아무도 찾아오지 않는 교장실

교장실 앞 천장에 설치된 전등은 수시로 교장 선생님이 교장실에 계시지 않다는 노란색 불과 교장실에 계시다는 초록색 불을 오갔지만 그 불에 신경을 쓰고 있는 사람도, 초록색 불을 보고 교장실로 찾아오는 사람도 눈에 띄지 않았다.

선생님들은 교장 선생님을 교육 철학과 소신이 뚜렷하고, 유능하며 추진력이 있다고 평가했다. 그래서 어떤 문제가 생겼을 때 교장 선생님과 의논하면 꼭 해결될 수 있다는 믿음도 생겼다고 한다. 그러나 아직까지도 자신들에게 요구되는 책임감이 부담스럽다고 고백했다. 교장 선생님의 업무 추진 속도에 보조를 맞추기가 버겁고, 때로는 시행착오도 용납하지 않고 밀고 나아가기만 하는 교장 선생님 앞에서 선생님을 따라가지 못하는 아이의 심정이 된다고 했다. 그래서 교장 선생님이 가까이 다가와도 벽을 느끼고 소통은 어렵다는 것이다.

교장 선생님은 학교를 변화시키는 여러 대안들에 대해 아주 적극적이었다. 아침맞이를 통해 아이들과 에너지를 교감하는 것이 교육 활동에 큰 영향을 미친다고 하면서 정말 바쁘고 할 일이 많지만 꼭 하고 싶다는 욕심을 보였다. 선생님들의 솔직한 마음을 털어놓은 인터뷰 게임을 통해 교장 선생님은 이제야 어떤 방향으로 나아갈지 길이 보이는 것 같았다.

After 문턱은 낮추고, 자발성은 높이고

교장인 자신을 많이 생각해주는 선생님들의 이야기에 용기를 얻고 정한 자신의 도전 과제는 다음과 같다.

미션 1 : 교장실 문턱 낮추기

예전에 교장실은 안을 볼 수도 없고, 그렇다고 마음 편히 들어갈 수도 없는 곳이었다. 그런 교장실이 누구나 오고 싶은 공간으로 바뀌었다. 교장실의 이름은 소담터. 한 달에 한 번은 공문 없는 날을 정해 소담터에서 선생님들에게 차를 타주고 이야기를 들어준다.
바뀐 교장실에서 교장 선생님은 아이들과도 많은 대화를 나누었다. 교장 선생님은 아이들이 기뻐하는 모습을 보고, 선생님하고의 대화도 중요하지만 아이들 눈높이에서 아이들이 어떤 생각을 하는지 아는 것처럼 소중한 게 없다는 생각을 했다. 작지만 소중한 깨달음이었다.

미션 2 : 교무회의 바꾸기

발언 중인 선생님을 뒤에서 웃으며 지켜보는 교장 선생님. 교무회의 시간 분위기가 달라졌다. 그동안 노력으로 교장 선생님의 진심이 선생님들에게 닿은 것 같다. 선생님들은 어느새 교장 선생님이 선생님들의 어려움을 이해하고 진심으로 선생님들에게 다가가고 싶어함을 이해하게 되었다. 그래서인지 선생님들은 예전과 달리 교장 선생님을 어려워하지 않는다. 회의 시간에 거침없이 자신의 생각을 이야기하는 선생님들, 학교가 행복해졌다고 이야기하는 것 같다.

목표를 향해 달리는 열정적인 이흥신 교장 선생님은 어디 하나 흠잡을 것 없는 완벽한 모습이었다. 그러나 이런 빈틈없음이 선생님들을 힘들게 하고 있는 줄 몰랐다. 사우초등학교에 공모 교장으로 부임한 지 1년, 교장 선생님은 잘하고 싶은 마음이 컸고, 힘들 때마다 선생님들을 독려하고 자신이 희생하는 것만이 선생님들이 행복해지는 길이라고 생각했다. 그리고 그러한 노력을 선생님들이 알아줄 것이라 믿었다. 그러나 교장 선생님의 이러한 생각은 선생님들에게 미처 전달되지 못했고, 부담스럽고 버겁다는 선생님들의 고백에 교장 선생님은 큰 충격과 상처를 받았다.

그와 함께 교장 선생님이 선생님들을 다그쳤을 때의 선생님들의 마음이 어떠했을지 교장 선생님은 알게 되었다. 그래서 교장 선생님을 향한 선생님들의 평가가 뼈 아프기도 하면서도 그것을 인정하고 받아들일 수 있었다.

교장 선생님의 쉴 틈 없는 노력은 하루하루 눈에 보이는 성과를 거두었다. 그러나 거기엔 가장 중요한 의미가 빠져 있었다. 그 성과가 학교 구성원 모두의 것이 아니라 교장 선생님만의 것이었다는 점이다. 교장 선생님이 교장실에 혼자 갇혀 있었던 것처럼 교장 선생님의 노력도 교장 선생님의 독단에 갇혀 있었다.

교장 선생님은 그렇게 깨달았다. 후배이면서 동료인 선생님들과 문제도 해결도 함께 나눠야 한다는 것을 말이다. 교장 선생님은 교장실을 바꾸는 것을 시작으로 아이들과 정기적으로 만나 대화를 나누었고, 교무회의 시간에도 선생님들의 이야기를 듣고 기다리는 노력을 하였다. 오래지 않아 선생님들도 교장 선생님의 이러한 진심을 이해하고 받아주었다.

교장 선생님의 학교 경영은 완벽했지만 거기엔 욕심을 내려놓고, 준비되지 못한 사람을 기다려주는 배려가 빠져 있었다. 교장 선생님은 자신의 문제점과 해결도 지금껏 보여주었던 열정적 모습으로 누구보다 열심히 찾았다. 그리고 숨을 고르며 내려놓고 기다리는 것을 연습하고 있다.

창의적 학교 경영은 멀리 있지 않았다. 선생님들과 교장실을 개방한 이 작은 일이 어쩐지 쓸쓸했던 교장실을 아이들과 선생님들로 북적거리게 만들었다. 이제 막 문을 열었을 뿐인데, 벌써 그 문으로 교장 선생님이 꿈꾸던 성공이 찾아들었다. 선생님과 아이들이 교장 선생님을 좋아하는 성공 말이다. 교장 선생님은 앞으로 이들과 함께 주변의 작은 일들에서 성공을 맛볼 예정이다.

관계와 소통의 힘

"변화 프로그램을 함께하면서 선생님께서 교사로 살아가는 게 뭔가를 함께 느끼고 있다고 말씀해주신 것이 마음에 남아요. 그리고 그런 마음을 이해해주셔서 감사드려요."

- 서길원 교장 선생님

학교 폭력과 같은 학교의 크고 작은 사고들이 불거지면 그 해결책이 부재한 이유는 한 가지로 모아진다. '학생, 교사, 학부모와의 소통의 부재'. 근본적인 문제를 해결하기 위해 발 벗고 나서서 소통을 추진하는 학교들도 있다. 교사와 학부모, 학생들과 산행을 하며 소통의 자리를 마련한다든가, 수업에 참관하는 자리를 마련해 만남의 장을 지속적으로 가지는 학교도 있다. 다양한 연수 프로그램도 만들어 소통할 수 있는 기회를 만들고 공통의 가치를 이해하면서 차츰 서로 협력하는 성과도 나타나고 있다.

학생은 즐겁게 학교를 다니고, 교사는 학교 교육에 보람을 느끼고, 부모는 학교를 신뢰하는 행복의 트라이앵글. 그 설득의 중심에 교장의 역할이 있다.

서길원 교장 선생님 관심은 교실에서 아이들과 선생님의 행복이다. 그건 아이들과 선생님 사이의 관계가 어떻게 잘 일어날 수 있는가와 수업을 통해 선생님이 어떻게 내면적, 인격적, 전문적 성장을 하느냐에 달렸다. 그런데 이것은 어떤 외부 전문가의 컨설팅으로 되는 것이 아니라 선생님들의 집단적 작업을 통해서 곧, 수업을 가지고 토론하는 문화를 통해서 가능하다는 것을 깨달았다. 그래서 교장 선생님은 이것을 어떻게 시스템화시킬 것인가에 대한 관심을 가지고 이것을 학교에서 다양한 형태로 시도하고 있는 것이다.

이야기로 듣는 교장 선생님은 권위 의식 하나 없는 모습으로 아이들과 선생님들에게 나무랄 데가 없어 보였다. 그런데 다 좋을 수는 없는 것일까? 교장 선생님의 여유로운 웃음은 아침맞이 시간 이후로는 볼 수 없었다. 교장실 안은 훤히 보이지만 그곳에 교장 선생님은 앉아 있을 수가 없었다. 누구에게나 열린 교장실에서 교장 선생님을 만나 이야기를 나눌 기회는 오지 않을 것 같았다.

Before **바빠도 너무 바쁜 교장 선생님**

교장 선생님은 교장실에 잠시도 앉아 있지 못한다. 텃밭 수업을 하는 옥상으로, 6학년 아이들의 시장이 열리는 체육관으로 수업이나 행사가 열릴 학교 이곳저곳을 누비며, 담당 선생님에게, 행정실 직원에게, 교감 선생님에게 서류를 들고, 전화를 하고, 또 학교 밖으로 택시를 타고 출장을 가고 또 학교로 들어오고…. 동에 번쩍, 서에 번쩍, 홍길동보다도 더하다. 선생님들이나 직원들과의 대화에서도 핵심만 간단히 묻고, 그 자리에서 결정을 한다.

교장 선생님에 대한 선생님들의 한결 같은 이야기는 시간적인 여유가 있었으면 좋겠다는 것이다. 교장 선생님은 학교 경영이나 교장 본연의 의무를 수행하는 일에 대한 절대적인 시간마저도 부족해 보인다고 했다. 비교적 규모가 큰 혁신학교를 주도적으로 끌고나가다보니 어쩔 수 없는 일이라는 것을 선생님들은 이해한다. 이렇다보니 선생님들과 교장 선생님 사이에 충분한 의사소통은 어렵기만 하다. 이렇게 소통이 부족하다보니 때론 교장 선생님 고집대로 일이 진행되고, 교장 선생님과 다른 의견은 수용이 안 되는 것 아니냐는 불만도 나온다.

After 소통을 향한 자그마한 노력, 그리고 진심

교장 선생님은 이상적인 학교상에 대한 욕심을 갖다보니 너무 앞만 보고 달려 왔다고 고백했다. 그리고 1년 남은 임기에 대한 강박관념도 잠시 내려놓기로 했다.

미션 1 : 신규 교사들과 소풍 가기

교장 선생님은 특히 신규 선생님들에 대해 마음을 많이 쓰고 있었다. 신규 선생님들이 교사로서 살아가는 게 뭔가를 함께 느끼고 있다고 했을 때 교장으로서 보람을 느끼는 것 같았다. 그러나 신규 선생님들과 시간을 가져 보겠다는 약속은 다이어리에만 남아 있을 뿐이었다. 모든 일을 제쳐두고 나온 소풍에서 교장 선생님은 시 낭송을 준비해왔다. '완벽주의가 되지 말고 경험주의가 되라'는 시의 마지막 구절에 힘을 주어 선생님들에게 너무 완벽한 사람이 되지 말고 모험을 즐기라고 당부했다.

미션 2 : 메신저로 따뜻한 편지 보내기

시집을 두고 책상에 앉은 교장 선생님의 모습이 낯설다. 교장 선생님은 지금 선생님들에게 배달할 시를 쓰고 있다. 일주일에 한 번 생활지도 잘하세요! 그런 메시지 말고 선생님들에게 위로가 되고 격려가 될 시를 전달하는 것이다.

교장 선생님이 써 보낸 시가 담긴 메시지가 선생님에게 도착했다. 선생님 컴퓨터 주변으로 아이들이 모여들고 교실 한가득 웃음이 번진다.

교장 선생님이 학교 안팎에서 크고 작은 모든 일을 처리하고, 선생님들과 아이들의 작은 부분까지 지원하려고 하면 가장 필요한 선생님과의 소통은 어려워지고, 소신은 때로 고집이나 독단으로 비춰질 때가 있다.

"우리 교장 선생님은 너무 바빠요", "교장 선생님과 이야기할 틈이 없어요"라는 선생님들의 불만을 교장 선생님도 모르는 바가 아니다. 교장 선생님이 바쁜 것이 선생님들과의 소통의 기회를 가로막아 아무리 좋은 비전도 선생님들의 기꺼운 마음을 끌어내지 못할 것이라 예상하여, 그 고민이 머릿속을 떠나지 않았다.

교장 선생님은 셀프 코칭을 통해 다른 교장 선생님들에게 정확한 평가와 구체적인 방법을 제시했지만 정작 자신의 숙제는 이제 시작된 느낌이다. 그럼에도 불구하고 선생님들에게 서운한 마음도, 아이들과 선생님을 챙기고 또 챙겨도 피곤하지 않다는 교장 선생님. 그런 교장 선생님에 대한 무한한 신뢰와 배려를 보이는 보평초등학교의 선생님들의 모습에서 희망을 엿본다.

교장 선생님의 고백

수많은 변화 속에서 학교는 변하지 않는다고 말하고, 그중에서도 변화된 사회 속에서 교장은 변하지 않는다고 사람들은 불만처럼 말한다.

7개월의 과정은 사람들의 그 말을 중요한 화두로 삼았다. 과연 선생님들이 7개월 과정을 거쳐 찾은 답은 무엇일까? 세 명의 교장 선생님은 그 답을 찾았을까?

"교장의 역할은, 행복한 학교를 함께 만드는 것이다."

평범하면서도 단순한 말이지만, 몇 개월 동안 시행착오를 거치며 찾은 말이기에 그 울림은 어느 때보다 크다. 세 명의 교장 선생님은 그동안 '교실에서 어떻게 행복할 것인가', '학교에서 어떻게 행복할 것인가'에 대해 관심이 많았지만 그것을 교장 혼자 끌고 간다고 하는 생각이 컸던 것 같다. 그러나 이 프로젝트를 통해 사람은 믿는 만큼 변하고, 학교의 행복 이야기도 선생님과 아이들과 함께 써 가는 과정에 의미가 있다는 생각을 하게 되었다.

서길원 교장 선생님은 신규 교사들이 자신에 대한 자존감과 교사로서의 자신감을 가지고 성장할 수 있도록 지켜주는 것이 교장의 의무라는 생각을 가졌다. 밖에서 어떠한 비난을 던진다 해도 선배와 후배가 의지하면서 서로 관심을 가지는 것. 50대 선생님들이 자긍심을 가지고 후배들에게 보여줄 것이 있을 때 이것이 살아 있는 학교이고, 행복한 학교라고 생각했다. 이 프로젝트를 통해 그것을 확인했다고 했다.

이홍신 교장 선생님은 교장이 행복해야만 그 학교가 행복한 학교가 된다는 생각을 했다. 리더가 긍정적인 생각을 많이 하면 같이 있는 조직 구성원도 긍정적으로 변한다. 리더의 행복한 마음과 감성이 학교 구성원에게 전염되는 것이다. 이처럼 따뜻한 마음은 나눔이 되어 선생님들이 느끼는 따뜻한 마음은 교장 선생님을 행복하게 만들고, 교장 선생님이 보내는 따뜻한 마음은 선생님에게 긍정적인 에너지가 되어준다.

신현철 교장 선생님은 가르치면서 행복하고 아이들은 배우면서 성장하면서 행복한 것이 행복한 학교라고 했다. 결국 선생님도 행복하고 아이들도 행복해야 되는 것이다. 이를 위해 선생님과 아이들을 칭찬해주고, 격려해주고, 인정해주면서 지원해주는 것이 바로 교장의 역할인 것이다.

"자그마한 용기가 저에겐 큰 성장의 계기가 되었습니다. 그리고 참 행복하고 보람 있었던 것은 선생님들이 학교에 오는 것이 한 번도 싫지 않았다는 이야기를 해주었을 때입니다. 그 이야기를 듣고 보람과 기쁨을 느꼈습니다."

— 신현철 교장 선생님

"교장의 역할이 처음엔 굉장히 크다고 생각했습니다. 크고 높은 것을 모두 책임져야 된다고 생각했습니다. 그런데 아주 작지만 소중한 것들이 주변에 많이 있었습니다. 이것을 놓치지 않고 실천할 수 있는 용기만 가지면 행복을 함께 만들어갈 수 있다고 생각합니다."

— 이흥신 교장 선생님

"혼자 가는 길은 두려움이 참 많다고 합니다. 함께 가는 길은 설렘이 있다고 그래요. 함께하는 것이 변화의 시작이 된다는 생각을 많이 하고요. 그러려면 내 것을 공개하고 공유할 때 자기도 크게 변할 수 있다는 것을 배웠습니다. 특히 나누는 것이 참 중요하다는 걸 많이 느꼈습니다. 행복한 학교를 만드는 교장이 되기 위해 더욱 노력하겠습니다."

– 서길원 교장 선생님

행복한 학교를 만들기 위해 세 교장 선생님이 택한 방법은 소통하기 위한 노력이다. 그 노력 또한 거창한 것은 아니다. 아주 사소한 것부터 시작해야 한다는 이홍신 교장 선생님의 말처럼 교장실의 문을 낮추어 교사와 교장의 장벽을 없애고 선생님들을 직접 찾아다니며 그들의 말 한마디에도 귀를 기울여준다. 허리를 굽혀 쓰레기를 먼저 줍고 아침을 맞는 아이들과 눈 인사, 손 인사를 하는 모습들은 학교와 소통하기 위한 작지만 큰 노력이다.

행복한 학교를 함께 만들어간다는 의식이 없으면 아무리 능력이 출중한 교장 선생님이라도 교사와 학생, 학부모에게 인정받기 힘들다. 학교를 잘 경영한다는 건 능력이 아니라 소통의 문제이기 때문이다. 그리고 교장으로서의 권위, 체면, 자존심의 벽을 깨는 데서 행복한 학교 만들기는 시작된다. 행복한 학교를 만드는 건 모두가 진심을 다해 해야 하는 일이다.

학교가 가야 할 길에 대한 답과 교장 선생님이 무엇을 해야 하는가에 대한 답은 분명하다. 학교 선생님 한 사람이 달라지면 교실이 달라진다. 교장 선생님이 달라지니까 학교 선생님, 아이들이 변화한다. 이처럼 교장 선생님의 변화를 이끌어내면 학교도 달라지는 것이다.

아침을 따뜻하게 맞아주고, 교장실을 개방해 언제나 선생님과 학생들이 들어올 수 있는 열린 공간으로 만드는 건 아주 사소한 일일 수 있지만, 그러한 노력들이 학교 안팎으로 더 많은 믿음을 준다. 그런 작은 실천들이 이어짐으로써 학교의 비전도 더 뚜렷해진다.

우리는 어떤 학교를 꿈꾸는가

어린 시절을 거쳐 누군가의 부모가 되어서도 학교는 추억으로 남고, 좋은 선생님은 인생의 좌표가 되었듯이, 몸과 마음이 성숙하는 시기의 이 아이들에게 학교는 막대한 영향력을 행사한다.

광화문 거리에서 만난 많은 사람들은 학교와 선생님에 대한 많은 이야기를 들려주었다. 초등학교에서 아이들을 가르치는 선생님은 임용고시에 합격한 뒤, 연수 때 만난 선생님이 전해준 가르침을 좇아 교직 생활을 하고 있다고 했다. 한 부모는 분교로 전학간 아이 이야기를 하며 논두렁 달리기에서 1등한 아이가 매일 논두렁을 뛰어다니는데도 천천히 가라는 말 없이 묵묵히 아이 뒤를 쫓는 선생님의 이야기를 들려줬다. 천천히 달리는 날도 있고, 빨리 달리는 날도 있고, 그러다보면 자연과 친해질 거라며 웃기만 하셨단다. 처음 해본 1등에 잘하는 걸 계속 보여주고 싶어서 매일 논두렁을 달리는 아이의 마음에 상처를 주지 않으려고 배려해주는 선생님의 마음임을 부모는 잘 알고 있다. 권위의 상징이었던 교장 선생님 또한 학교를 품기 위해 소통의 물꼬를 트고 학교의 사소한 이야기에 귀를 기울였다. 그리고 진심을 다해 마음을 고백했다. 그렇게 학교는 새로운 희망의 씨앗을 움트게 되었다. 학교는 추억으로만 남아 있지 않는다. 삶의 일부가 되어 내 생각과 가치와 결정에 영향을 준다.

스무 살이 될 때까지 가장 오래 머물렀던 우리들의 교실, 학교.

부모 세대의 어린 시절을 떠올리면, 대개 요즘처럼 힘들게 공부한 것
보다는 마냥 즐겁게 뛰어놀았던 기억을 더 많이 떠올린다. 놀이를 추억
으로 떠올리지만, 요즘 아이들은 경쟁을 떠올린다.

지금의 아이들이, 그리고 이제는 부모가 된 어른이 바라는 학교는 어
떤 모습일까?

"학교에 가면 아이들이 선생님을 맞아주고, 영화에서처럼 선생님이 뛰
어 와서 아이들을 반겨주고 깔깔거리는 웃음소리가 넘치는 곳이요."

"그 아이가 갖고 있는 색깔들이 충분히 드러날 수 있게 기회를 많이 주
는 곳이요"

"잘 놀 수 있도록 내버려두는 학교요."

"꿈이 존중받을 수 있는 학교가 되었으면 좋겠어요."

"마음 놓고 음식을 먹을 수 있는 곳."

"운동이라도 같이, 더 많이 할 수 있었으면 좋겠어요."

"친구가 있는 학교요."

"지금 제가 다니고 있는 학교요."

우리는 거리의 교실에서, 학교의 현장에서, 많은 사람들이 꿈꾸는 학
교 이야기를 들었다. 예비 부부, 현직 교사, 학생, 자녀를 둔 학부모가
말하는 다양한 요구들을 모아 '세상을 가장 건강하게 만드는 좋은 방법
은 학교를 다시 세우는 것'이다.

서로 힘을 모아 함께 가는 길.

세상에서 가장 용기 있고
아름다운 고백

고백은 오랜 시간이 걸린다. 고백할 용기가 생길 때까지 기다려야 하고, 고백이 시작되면 마음에 쌓인 응어리가 걷잡을 수 없이 터져나오기 때문이다. 오래 묵은 응어리가 풀어지면 마음은 한결 가벼워지고 후련해진다. 그리고 다시 살아갈 힘을 얻는다. 만약 스스로를 성찰하는 고백의 시간 없이 미봉책처럼 잘하자는 말로 성급하게 마무리하면, 그 문제는 곪고 곪아 더 큰 상처가 되어 언젠가 다시 불거져 나온다.

학교는 다양한 형태로 변하고 있지만 그럼에도 아직까지 학교는 아프다고 한다. 전문가는 그 원인을 추락하는 교권에서 찾기도 하고, 일탈하고 반항하는 학생에게서 찾기도 하고, 교육열이 지나친 부모를 탓하기도 하고, 입시 위주의 교육 제도에서 찾기도 한다. 문제가 터질 때마다 학교 밖의 타자의 시선으로 학교를 탓하지만 정작 학교 안의 목소리는 간과하기 일쑤다. 그래서 안으로 눈을 돌려 학교가 말하는 학교의 현실을 들어보는 것이 절실했다.

　선생님이 고백했다. 나 또한 폭력 교사였다고. 아이들을 이해하기 위해 여러모로 노력하지만 학생을 이해하는 건 어렵기만 하다고.
　교장 선생님이 고백했다. 교장부터 바뀌어야 한다고. 하지만 권위를 내려놓고 자신의 맨모습을 보여줄 용기가 나지 않았다고.
　학생이 고백했다. 현실은 정말 답답하고 힘든데 부모님이나 선생님이 그걸 몰라준다고. 부모님과 대화를 하고 싶지만 또 공부 이야기만 나올까봐 대화하기가 두렵다고 했다. 그리고 눈물을 왈칵 흘렸다.
　학교가 고백했다. 아이들을 기다려줘야 하는데, 품어줘야 하는데, 그러지 못할 때 아이들 보기가 미안하다고 말이다.

방송을 보고 게시판에 부모의 고백이 올라왔다. 자녀에게 중요한 꿈이 무언지를 물어보지 못했다는, 막연하게 불만이 있을 거라고 생각하면서도 자녀의 이야기를 직접 들어본 적이 없다고 말이다.
철옹성 같던 학교가 저마다의 위치에서 솔직하게 고백하자 꼬이기만 했던 길에 새로운 희망이 보였다. 선생님은 아이들을 진심으로 대하고 기다리면 하루아침에 바뀌지 않더라도 서서히 변화한다는 것을 깨달았고, 교장 선생님은 권위의 문턱을 낮추고 소통의 리더십으로 변화를 끌어냈다. 학생은 마음을 열고 어른과 마주보고 자신의 꿈과 진로를 터놓고 이야기하고 싶다고 했고, 부모는 말해줘서 고맙다고 자녀의 등을 토닥토닥 두드려주고 앞으로 공감해주는 부모가 되겠노라고 다짐했다.
수많은 사람들을 만났고 우리는 사람들에게 행복한 학교가 무엇이냐고 물었다. 어떤 사람은 학교 폭력이 없는 학교라고 하고, 어떤 사람은 학생의 꿈을 키우는 학교라고 하고, 어떤 사람은 저마다의 개성을 존중해주는 학교라고 말했다. 지금의 학교는 개선되어야 한다고 소리를 높였지만, 그중에서도 우리의 시선을 잡아끈 것은 '지금 다니는 학교'라고 말한 아이였다. 인문계 학교에 적을 두고 있지만 1년 동안 전문적인 직업교육을 가르치는 학교에 통학하는 아이. 잠만 자던 학교가 새로운 지식을 배우는 매일 가고 싶은 곳이 되었다. 공부에 열의가 없는 낙오자였을지도 모를 아이에게 좋아하는 일을 찾아주고 진로를 고민할 기회를 주자 아이도 변화한 것이다. 이 아이에게 학교는 '세상을 살아갈 길을 만들어주는 곳'이다.

어느 선생님의 고백처럼 사람은 믿는 만큼 변하고, 학교의 행복 이야기는 학생과 교사, 부모, 교장 선생님이 함께 써가는 과정에 의미가 있다. 그 과정에서 우리는 진정한 교육의 희망을 발견한다.

• • •

행복한 학교로 향하는 우리 모두의 고백

EBS 교육대기획 〈학교의 고백〉을 함께한 제작진

기획 이정욱

연출 정성욱, 김현우, 박유준, 박은미

조연출 채라다, 김명옥, 이은혜, 최호준

글·구성 권종남, 임정화, 이윤정, 박계영

취재작가 조희정, 김아름, 정은지

촬영 조영환, 박혜순, 박치대, 최일권   **기술감독** 정장춘, 정민희, 진대중

음향 김필수, 김종범   **지미집** 강현준, 이수명   **외부조명** 함형석, 이현권

편집 한명진, 김호식   **외부편집** 조일, 양병글, 윤기성, 박태현   **그래픽** 김남시

세트 최원석, 이기남, 이진호, 서상석, 방원석, 이대호, 지재용

소품 이희신, 오기선, 주우영, 백승문, 박시열, 노은주

의상 최정은   **음악** 최형원   **녹음** 강희중   **홍보** 정경란, 류은지

사진 장종호   **자막** 김영창

기술지원 김종기, 김대군, 김기백, 이주호

홈페이지 송인회   **블로그** 정다운   **콘텐츠** 김성은

행정 박영수, 강은지, 김세란   **재무** 한정자, 노유진   **타이틀** 정우철

모니터 유지향, 이유리   **효과** 이용문   **홍보** 유귀성

EBS 교육대기획

학교의 고백

© EBS 2013

1판 1쇄 2013년 12월 2일
1판 3쇄 2018년 9월 27일

기획 EBS 미디어
지은이 EBS 〈학교의 고백〉 제작팀
펴낸이 김정순
책임편집 배경란
디자인 김수진 모희정
마케팅 김보미 임정진 전선경
본문구성정리 손혜령

펴낸곳 (주)북하우스 퍼블리셔스
출판등록 1997년 9월 23일 제406-2003-055호
주소 04043 서울시 마포구 양화로 12길 16-9 (서교동 북앤빌딩)
전자우편 editor@bookhouse.co.kr
홈페이지 www.bookhouse.co.kr
전화번호 02-3144-3123
팩스 02-3144-3121

ISBN 978-89-5605-703-3 (14590)
      978-89-5605-686-9 (세트)

* 이 책은 EBS 미디어와의 출판권 설정을 통해 〈EBS 학교의 고백〉을 단행본으로 엮었습니다.
* 〈학교의 고백〉 방송에 이어 책의 출간을 허락해주신 분들께 깊은 감사의 마음을 전합니다. 본문에 실린 방송 참가자들의 이름은 가명 표기하였으나 방송의 의미를 살려 실명 표기를 한 분들도 있습니다. 혹시라도 미처 양해를 구하지 못한 분들은 편집부로 연락주시길 바라며 용기를 내주신 모든 분들께 거듭 감사의 마음을 전합니다.